2049

未来10000天的可能

[美]凯文·凯利(KEVIN KELLY) 著
吴晨 编著

图书在版编目（CIP）数据

2049：未来10000天的可能 /（美）凯文·凯利著；吴晨编著. -- 北京：中信出版社，2025.6. -- ISBN 978-7-5217-7518-1（2025.8重印）

Ⅰ.G303

中国国家版本馆CIP数据核字第20256HU015号

2049——未来10000天的可能

著者：　　　［美］凯文·凯利
编著者：　　吴晨
出版发行：　中信出版集团股份有限公司
　　　　　　（北京市朝阳区东三环北路27号嘉铭中心　邮编　100020）
承印者：　　北京通州皇家印刷厂

开本：880mm×1230mm　1/32　　印张：8.75　　字数：128千字
版次：2025年6月第1版　　　　　 印次：2025年8月第5次印刷
京权图字：01-2025-2267　　　　　书号：ISBN 978-7-5217-7518-1
　　　　　　　　　　　定价：69.00元

版权所有·侵权必究
如有印刷、装订问题，本公司负责调换。
服务热线：400-600-8099
投稿邮箱：author@citicpub.com

目录

导语 / 凯文·凯利   ix

序 / 吴晨   xvii

01 镜像世界——
下一代互联网的崛起

智能眼镜如何取代智能手机   003

现实世界与数字孪生的无缝衔接   005

镜像世界的特点   008

镜像世界产生的新业态   010

02 异人智能——
重新定义 AI

为什么 AI 不是人类的复制品   017

AI 将重新定义创造力   019

专用 AI vs 通用 AI：未来的智能分工   021

AI 与人类的协作：从替代到共生　　　023
AI 的终局：承认我们的无知　　　029

03　AI 助理——
你的私人管家无处不在

从 CEO 的私人秘书到全民 AI 助理　　　033
AI 助理如何改变工作与生活　　　034
B2B 时代：AI 助理之间的协作　　　037

04　透明社会——
数据驱动的未来

为什么透明是未来的必然　　　043
隐私保护 vs 个性化：我们该如何选择　　　045
互见性：双向透明的社会规则　　　046

05　内容井喷——
AI 重塑内容创作

未来 25 年我们如何创作和阅读　　　053

AI 时代创作者如何生存　　　　　　　　057

06　AI 的技术演进

AI 是镜像世界最重要的基石　　　　　063
AI 发展的三种可能性　　　　　　　　064
重新定义真实　　　　　　　　　　　　067
全球 AI 的商业格局　　　　　　　　　069

07　AI 驱动的终极信息化国家

从大数据到 AI 治理：如何构建透明
　社会　　　　　　　　　　　　　　　075
全球数据治理机制的建立　　　　　　077

08　AI 如何重塑组织

最重要的组织变革发生在中层　　　　083
组织结构更加扁平、去层级化　　　　087
AI 时代的公司形态　　　　　　　　　088

目录　　iii

AI 无法取代企业家 091
AI 不会取代大多数人的工作 094

09 AI 如何颠覆教育

个性化教育：AI 助教如何改变学习方式 099
未来的中学教育，最重要的是什么 102
重塑大学的体验 110

10 AI 如何颠覆医疗

量化自身：AI 如何推动定制化医疗 117
全民基因测序：中国在生命科学中的
　　领先机会 121
医疗助理与制药的未来 124

11 机器人爆发——从工厂到家庭

人形机器人的未来：现实与梦想 129
工业机器人与无人工厂：制造业的巨变 134

机器人如何改变蓝领工作　　　　　　　　　136

12　自动驾驶与车内第三空间

自动驾驶的渐进式发展　　　　　　　　　141
车内第三空间：移动的办公室与娱乐
　中心　　　　　　　　　　　　　　　　144
未来出行：共享 vs 私人定制　　　　　　146

13　太空竞赛——
下一个太空世纪的开启

月球基地与火星探险：中美太空竞赛　　151
太空经济的未来：从旅游到太空制造　　155
机器人 vs 人类：谁更适合星际旅行　　　159

14　生命科学——
解码百岁人生的未来蓝图

AI 推动的三大永生路径　　　　　　　　163
全民基因测序：中国领跑健康大数据时代　165

基因编辑：重塑生命的可能与边界　　168
AI 加速器：生物医药研发的新动力　　172
人造器官：为何科技突破比想象更慢　　173

15　脑机接口——人机共生的未来

侵入式 vs 非侵入式：脑机接口的双轨
　　竞赛　　177
脑机接口的终极想象　　178
解码大脑：信号捕捉与双向交流的挑战　　181
从昆虫大脑到分布式智能　　184

16　2049——一个更加乐观的未来

中美高科技博弈：从竞争到合作　　189
AI 与镜像世界的全球格局　　194
中美如何推动互信　　197
全新中美国：合作共赢的未来　　201
中国的未来：终极信息化国家　　206

制造 4.0：从世界工厂到全球智造	216
能源、量子与人类行为的科学狂想	218
终章　预测未来的思维模型	225
结语　未来 25 年的 10 个关键词	233
后记　2049 酷中国 / 凯文·凯利	249

导语

我相信中国将是未来世界中最强大的力量之一。这一信念基于我在中国数十年的游历——我曾去到过中国最偏远的地区，也游览过其最具未来感的城市，同时也基于我在世界其他地方的旅行经历。毫无疑问，中国的未来将对世界产生巨大的影响。然而，对于中国未来的走向，我们都难以做出确定的判断，这让我对中国未来的影响力如何，有些疑虑。此外，技术将把我们带向何方也存在很大的不确定性。我在技术前沿的长期工作经历使我确信，在不久的将来，AI（人工智能）及其相关技术会成为塑造全球社会的主要力量。我确信这些强大的力量会产生巨大的影响力，但它们如此复杂，以至于我们几乎不可能预测出它们的确切路径。

从过去 25 年的发展变化中，我们可以清楚地看到，我们正飞速奔向未来。我们不应该完全盲目地向前冲。任何关于我们将走向何方以及将会发生什么的暗示，对于我们未来的进步，甚至对于我们的生存，都将产生极大的帮助。尽管我们无法准确地预测未来，但我们可以通过研究大规模和长期的趋势来揭示总体路径、大致方向。这些大趋势并不精确，也并非绝对可靠，但它们就像在山谷中随意蜿蜒的溪流，可以为我们提供一些关于整条河流向的指引。可以说，它们是帮助我们了解未来走向的第一个工具。在本书中，我们将探讨贯穿技术、现代社会，特别是中国发展的一些大趋势。

帮助我们了解未来走向的第二个工具是构建未来的场景。这指的是对某种关于未来的想象进行足够详细的描述，使这种想象看起来更合理。在标准的场景构建方法中，你要生成多个场景，每个场景都有略微不同的视角，尽可能涵盖更多不同的可能性，或是更多可能的未来。场景构建的目的不是预测某个特定的未来，而是为可能的未来进行预演，让我们不会对未来感到惊讶。如果我们今天构建的一个场景在后来被证明是真实的，那么当想象成真时，我们会觉得熟悉。这会使我们更容易应对届时发生的事件，因为我们已经在想象中预见了结果。

在本书中，我聚焦于构建乐观场景的方法。我没有考虑文明崩溃、在战争中自我毁灭或因自身的放纵行为而沉沦的众多可能的场景，而是专注于描述我想要置身其中的未来场景。这并不是说我描绘的是没有贫穷、没有伤害、没有痛苦且一切都完美运行的没有现实可能性的神奇乌托邦。我所展现的是在不久的将来完全合理的未来。这些场景会给我们带来新的问题和新的益处。它们并不完美，但总体上是理想的，比现在更可取。

一些批评家认为我们构建的关于未来的乐观场景是盲目、天真、一厢情愿，甚至是危险的，会误导他人，因为它们忽视了现有的重大问题。但在我看来，对未来的乐观愿景对于创造一个更美好的世界至关重要。现代生活如此复杂，各种因素相互关联，有数百万个变量，所以一个真正美妙的世界不会偶然或不经意地出现。我们想要置身其中的那种未来必须首先被想象出来，这样我们才能朝着它努力。我们必须在脑海中看到它,并且相信我们能够构建它,才能开始构建它。我们不可能在没有预先想象的情况下突然闯入一个宏伟的、运转良好的复杂世界,就像你不可能在没有计划和草图的情况下构建一台强大的复杂机器一样。为了创造出一个我们想要生活其中的高科技世界,为了构筑一个人们渴望生活其中的中国,我们必须首先详细地想象它们。这就是我们在本书中进行场景构建的原因。

在本书中,我试图想象一个由技术与创造力驱动的高科技社会,它包含 AI、基因工程、数据搜集……这是一个我想要生活的世界。我还想象了中国在这个技术世界中运作的方式,以及它在这个世界中可能扮演的角色。我给自己的想象设定了 25 年的期限。25 年足够遥远,可以产生足够强大的新技术力量。作为参考,我可以列举出 25 年前未得到广泛应用甚至还不存在的一小部分事物:短信、比特币、区块链、社交软件、Zoom 远程会议、智能手机以及与其相关的数百个应用、微信、流媒体视频、电动汽车、Siri/Alexa 语音助手、人造肉、Fitbit 记录器、智能戒指和手表、网红、优兔

（YouTube）、众筹、mRNA（信使核糖核酸）疫苗、VR（虚拟现实）游戏、CRISPR（基因编辑技术）、自动驾驶，当然还有AI。

接下来的25年肯定会产生巨变和创新。某些创新现在在实验室或初创企业的商业计划中已经可见，但如果根据之前的经验来做判断，我认为25年后最重要和最有影响力的创新现在还依然没有被发明出来。我们现在恰恰有机会想象它们，从而构建未来。

25年后，也就是2049年，也将是中华人民共和国成立100周年。这是思考中国未来的一个非常合适的时间点。25年是勾勒各种可能性，想象中国与技术突破的关系、中国在世界中的角色以及中国可能创造的全新未来的完美时长。

虽然我经常游历亚洲，但我住在硅谷。为了想象中国的未来之路，我与吴晨合作，共同撰写这本书。吴晨出生于南京，曾担任《经济学人·商论》总编辑。2023年他采访我时与我相识，在对话中我对他提出的精彩问题印象深刻。我注意到他思维敏捷，能够想象多种甚至相互矛盾的未来——这正是我思考中国的未来所需要的理想伙伴。吴晨丰沛的想象力对我们构建未来的场景起到了重要作用。

我们一起花费了大量时间研究科技的未来，探究它怎样能以最乐观的方式展开，同时尽可能保持现实的合理性。我想强调的是，未来大部分事物仍会保持不变。也就是说，世界上至少有95%的事物还会维持原样。所以我一直很小心，不做过于超前的预测。事实上，对熟悉科幻小说的人，或者一些乐观的幻想家来说，本书中的场景可能看起来平淡无奇。这就引出了一个悖论，关于未来的想象，越接近真实，越是听起来不合理。如果你想象的场景听起来不合理，那么没有人会相信它；但如果让它合理，它又不太可能是真实的。对于真实性与合理性，你很难做取舍，但你可以做尽量接近真实的想象。

我们用英语展开对话，吴晨用中文编辑了文本。吴晨还总结了我提出的主要观点，并提炼出关键词和关键概念。本书的主要章节展现了在我心目中未来25年世界的理想场景以及中国在其中可能扮演的角色。在结语部分，吴晨会分享他从创作本书的过程中学到的东西；

在后记中，我会讲述我从这个过程中学到的东西。

我之所以创作本书不是为了 25 年后我可以公开吹嘘我做出了正确的预测。我已经承认，我在这里所说的大部分内容可能并不会真实发生。在我与未来学家交往的 50 年里，我了解到几乎所有的预测，包括我的，都是错误的。我希望通过本书做到的，是塑造未来，使其朝着某些方向发展。我想给中国和全世界的读者带来希望，即我们可以通过先来详细想象这样一个世界，来构建和塑造一个比今天更好的世界。我描绘了一个被 AI 和其他前沿技术引领的世界——同时考虑到我们脆弱的环境、人口结构变化以及持续存在的不平等——以便为我们的创新者和技术专家提供一个可以引领他们前行的地图。就像《星际迷航》中无线通信器的幻想引导创新者创造了智能手机一样，我也希望这些想象的场景能够帮助中国更接近科技前沿。

至少，我希望我初步构想的理想场景能够激发更好的未来。你可能会觉得我在本书中想象的未来不可取，或者不够好，那么如果它能激发你去实现更合理、更现实或更理想的未来愿景，我也会认为本书取得了巨大的成功。想象未来，坚信这种想象可以成为现实，这是我们真正预测未来的唯一途径。

　　前进！

凯文·凯利

2024 年 12 月

序

2023年9月我在上海与凯文·凯利相识,我们一见如故,后来展开了多次对话。在第一次对话结束后,凯利就提议说,我们一起写一本书如何?不同文化、区域的作者通过对话思考未来,这种形式很有新意,也能碰撞出更多火花。

当时凯利的作品《5000天后的世界》中文版刚刚出版,凯利希望在我们合作撰写的新书中看得比5 000天更远,也希望引入中国语境去思考科技会带来哪些变革。

用什么样的框架可以写出新意?一个念头涌上我心头:以2024年作为起点,未来25年会不会是一个更好的时间框架? 1/4个世纪的跨度提供了足够长的时间窗口，让我们可以充分调动想象力，畅想未来。过去25年中国经历了几乎称得上是沧海桑田的巨变，未来25年中国的变化只可能更多。当经济发展进入下半场、改革开放步入深水区，我们要展望未来，更需要发挥想象力。

25年的时间尺度能让我们有足够的思考空间。因为25年之前的1999年，似乎是年轻人可以追忆的时代上限，但我想大多数年轻人如果穿越回去，恐怕都会发现各种生活场景难以辨识，25年来社会风貌发生了天翻地覆的变化。换句话说，过去25年，中国比全世界几乎所有国家都跑得快，走得远，变得多。全球化、数字化、智能化，推动中国完成了一个又一个飞跃。

过去25年，我们习惯了加速的发展，习惯了巨大的变化。我们是极其幸运的：以BAT（百度、阿里巴巴、腾讯）为首的中国第一批互联网公司就创建于1999年前后，在之后短短的10年里，互联网普及，移动互联网飞速发展，为随后的5 000天中移动互联网应用的大爆炸奠定了基础。以支付宝和微信支付为代表的移动支付、以微信为代表的一站式超级应用、以美团为代表的外卖生态、以字节跳动为代表的AI媒体平台……在数字化服务领域，中国实现了发展、创新和赶超。当AI浪潮袭来的时候，在创新方面，全世界也只有中国可以与硅谷比肩。而地缘政治变局所带来的全球化转向，却让中国的高科技创新面临前所未有的外部限制。如何突围？这让畅想未来25年变得十分重要。

未来25年，变革不会停下脚步，但变革背后的引擎已经发生了根本的改变。

在科技层面，AI会是最主要的推动力。AI是当前最重要的通用目的技术（General Purpose Technology）已经是大多数人的共识，它会像蒸汽动力和电力一样给所有行业带来改变。这也让我对有机会向未来学家凯利请教而激动不已。我并不想简单地预测AI能做什么，而是希望构建一个复杂的框架，去展望AI赋能的各种可能性，这也是我们需要做的事。

展望未来25年，我们有极大的紧迫感。改革进入深水区，经济发展也需要新的模式驱动。电动汽车、光伏、锂电池作为新质生产力的"新三样"是中国制造在全球影响力的代表，想要在出海的路上走得更远，需要推动地缘政治回到过去25年持续开放的状态。AI、芯片、生物医药行业的发展,以及未来涵盖医疗、教育各个方面的定制化服务,也需要更多、更深入的全球交流与协作,绝不是单个国家可以依赖自主创新独自完成的。

25年后也就是2049年,这是一个令人激动的年份。以终为始,凯利和我希望在本书中奠定一种乐观的基调,不仅仅因为我们都是科技乐观主义的拥趸,更重要的是我们希望描绘一个乐观的世界,一个和平共处的世界,一个高科技发展可以惠及所有人的世界,一个中美有可能更多地实现协作共赢的世界。

这本《2049》就是要立足中国视角,结合中外观点,在充分沟通的基础之上,展望未来25年的变化。

与凯利一起创作本书是我人生中最愉悦的一段经历。

本书以凯利的口吻著述,第1章至终章是在我与凯利的深度对话基础之上编辑而成的,结语部分则是我从另一视角对全书观点的总结。希望我与凯利的对话能开启一种全新的跨国与跨界的创作范式,让更多立足中国的思考可以加入全球重大议题的讨论。

吴晨

2024 年 12 月

01

CHAPTER ONE

镜像世界——下一代互联网的崛起

智能眼镜如何取代智能手机

如今，智能手机得到普及，并且人们每天使用它来完成多项任务。到了2049年，大多数智能手机将被智能眼镜取代。当数十亿生活在城市地区的人戴上这些智能眼镜时，他们看到的是现实世界与虚拟世界的叠加。对于这个虚拟世界，一些人称之为元宇宙，一些人称之为AR（增强现实），甚至是XR（扩展现实）。我称之为"镜像世界"，因为你所看到的既是现实世界，也叠加着一个现实世界的数字孪生。

如果你在厨房戴上智能眼镜，那么当你看向橱柜或冰箱时，你会看到里面的物品，而你的智能眼镜会直接在里面存放的物品上方显示其保质期。如果你询问眼镜某瓶饮料的成分,它就会向你展示一份成分列表,这样你就可以立即了解所需的信息。如果你在办公室,你的智能眼镜就会让你看到具有最高分辨率的虚拟场景,你可以将视频或文档放在你想要放置的任何位置。它还可以在你眼前创造一扇和真实的窗户无异的虚拟窗户,推开窗你就能看到坐在门廊里的父母,即使他们实际上远在天边。

  如果你戴着智能眼镜外出,那么你可以沿着人行道上的蓝线走,它会显示你到达目的地的最佳路线。当在路上看到行人时,通过智能眼镜,你就可以看到他们头上的名字。在工厂或仓库工作的人可以模仿智能眼镜中生成的影子手来完成任务。在学校学习的医学生戴上智能眼镜可以看到3D(三维)的虚拟人类心脏,然后亲自拆解跳动的心脏,以了解它是如何工作的。公司的年轻实习生可以借助智能眼镜识别、了解和操作结构复杂的机器。当然,你也可以让访客造访你的客厅,通过智能眼镜,你会看到他们以虚拟形象坐在你家客厅的沙发上。

智能眼镜也可以听到你说话，并能在你耳边轻声回应。它还会感应到你的手势，你可以在虚拟场景中打字和做选择，因此它将取代键盘以及手机屏幕。

智能手机提供的大多数应用——比如相机、音乐播放器、笔记本、钱包、钥匙、通讯录、地图、日历、手表和银行，智能眼镜都将继续提供，而且它提供的应用只会更多。智能眼镜将取代视频通话设备、医院的诊室、大多数教室、显示器、大屏幕电视、游戏控制器等等。

现实世界与数字孪生的无缝衔接

这将是一个无比透明的世界，也将是一个数据搜集和数据记录无处不在的世界。

智能眼镜会在用户使用过程中不断搜集个人数据，一方面是用户身处环境的数据，另一方面则是用户自身行为的数据，比如你在看什么，看了多长时间，你所在的位置，等等。更重要的是，智能眼镜会记录你的一颦一笑，你对外界变化的细微反应。比如你眉毛微微上翘，智能眼镜就会知道你感到惊讶了；你的眼睛多看了某个东西一眼，或者在哪里停留的时间稍长了一点儿，它也会注意到你可能对某个东西更感兴趣。日积月累下来，智能眼镜就会知道你对什么感兴趣，从而变得更加懂你，甚至能判断你下意识的反应或者潜意识里的好恶。当然，它对你细微神情的捕捉也有助于让你在镜像世界中的替身表情更加丰富、逼真。

智能眼镜的普及只是镜像世界的一角。镜像世界是一个被360度全方位捕捉的世界。未来世界将有无数的摄像头和传感器，它们无时无刻不在搜集数据，政府、个人、所有互联互通的机器和设备都将参与这个过程。这会产生海量的数据，需要超强的AI来处理。

镜像世界是一个AI赋能的世界，需要无穷的算力。

一个全功能的镜像世界，尤其是当所有人的镜像世界都可以共享的时候，所需的计算量是巨大的。只有在所有智能设备上都拥有主动式AI的情况下，我们才能实现广泛的虚拟世界共享。几年前的元宇宙最缺乏的其实是优秀的3D内容。人们当时所能做的只是利用游戏引擎来创造虚拟空间,这种做法费时费力。但随着镜像世界所搜集的物理世界的数据越来越多,AI 的能力将日益增强,无论是在虚拟世界中重现我们熟悉的物理空间,还是将我们的想象轻松地转化成 3D 体验,都将变得容易得多,也便利得多。

AR 需要 AI,而且需要大量的 AI。没有无处不在的 AI,就不会有镜像世界。事实上,只有当 AI 足够廉价和丰富时,借助智能眼镜展现的镜像世界才能存在。人们可能会发现,大规模 AI 的主要用途是为镜像世界提供动力。

镜像世界将是下一代互联网,是一个每个人都可以在其中拥有身临其境的体验、AI 赋能的沉浸式互联网。在这个全新的互联网中,人机互动的方式将从使用键盘、鼠标和触摸屏进行互动转换到更加自然的互动方式。每个人将通过语言、动作甚至眼神来与机器互动。苹果公司将这样的未来称为空间计算(Spatial Computing)。镜像世界给我们带来的最大变化就是让我们摆脱了对手机或者电脑屏幕的依赖,我们所处的真实世界会成为人机互动最主要的舞台,而虚拟世界又会成为我们发挥巨大想象力的空间。未来，沉浸式体验将成为快消品。

镜像世界的特点

镜像世界应该有分布式的特点。人人都希望创造一个分布式的世界，在这个世界中，你实际所在的地区、社区、住宅建筑都可以被你在镜像世界中创建或发布，任何人都可以为之做出自己的贡献。

但是镜像世界本身不会是一个去中心化的世界，因为构建它所需要的 AI 处理能力要投入的资金数额太大了。除非 AI 被广泛普及且价格低廉，否则镜像世界就无法运行。在我看来，在镜像世界时代，全世界最大、最富有的公司将是为镜像世界提供数据支持的公司。

这家为镜像世界提供底层 AI 支持的超级公司不会是今天的谷歌、脸书、亚马逊、百度或其他任何高科技公司。因为地缘对于未来技术的发展将产生深远的影响，印度反而很有可能"渔翁得利"。

到 2049 年，也许是一家印度公司主导这个在全球范围内都极具吸引力的镜像世界，也许这家印度公司在全球有100万名员工。作为在中国、美国、欧洲和日本之外的一个相对独立的经济体，印度具备实现这一目标所需的强大的工程能力和足够的企业家智慧。

对真实世界的模拟，即数字孪生，是镜像世界的特点。与平面的互联网不同，镜像世界是3D的，是可以亲身参与的，可以用肢体动作和语言实现互动，与真实世界类似。

当镜像世界不再是现实世界的照片或图像，而是现实世界的数字孪生时，物理引擎的支持必不可少。在这种情况下，镜像世界虽然是用户奇思妙想的空间，但也必须遵循现实世界中的物理定律。此外，和现在的大语言模型类似，未来也会有大型的物理模型。人们会将物理论文、物理实验或物理数据都输入模型中，以此来训练支撑镜像世界的物理引擎。

类似地，我们也可以想象一个AI支持的生物化学世界，人们可以在这个虚拟世界中做实验，构建蛋白质模型。这个虚拟世界可以帮助科学家理解和再现他们所研究的生物化学问题，然后进行更加深入的研究。

当然，在镜像世界中，用户也可以创造出不遵守物理定律的另类世界，你可以让想象力自由驰骋，让一些天马行空的想法落地。镜像世界也能让用户穿越历史，进入完全虚构的历史世界。

镜像世界产生的新业态

有了镜像世界，用户获得的内容和体验将呈现井喷式增长。贴近真实的体验是镜像世界与平面互联网最大的区别。

例如，第一人称视角逼真的冒险直播将成为特别活跃的赛道。每个人都可以是独特体验的记录者，都可以分享身临其境的体验。这样的体验可能是乘坐"星舰"飞船登月，深潜海底，来到战地前线，深入雨林，攀登珠穆朗玛峰，等等。换句话说，镜像世界中大多数 UGC（用户生成内容）都将是 3D 沉浸式的，从目前以第三人称视角观看的平面媒体为主的基础内容（文字、图片和视频），转变为主要基于第一人称视角的全新沉浸式体验。镜像世界的用户可以通过他们的智能眼镜实时参与这些冒险直播，足不出户，就可以享受到接近真实的体验。

这样的虚拟体验并不会让人们不再向往在真实世界中冒险、游历，体验不同的生活。越是接近身临其境的体验，越会激发人们对真实世界的向往。当虚拟的体验变得越来越唾手可得时，真实的体验反而会因此变得更加稀缺和珍贵。换句话说，镜像世界的好处是人人都可以足不出户就拥有真实世界中各种新奇的体验，而真实世界中真正的探险反而是个别人才能享受到的独特服务。

镜像世界有着巨大的发展空间，除了无法制造出实体的产品，你在镜像世界中几乎可以模拟出人类社会的所有活动。游戏产业前景广阔，因为它本身就是真实世界的镜像。

镜像世界将从根本上改变人机交互的方式。我们在使用键盘、鼠标和触摸屏时都是人迁就机器，使用"机器的方式"与机器沟通。镜像世界则完全不同，我们可以用最自然的方式，也就是用我们的肢体、手势和眼神，在虚拟世界中探索，在现实世界中与机器交流。当然，更重要的是我们可以通过语言，向无处不在的 AI 助理提问。

沉浸式体验给人的感觉十分自然，因为人类是视觉动物。当应用在教育领域时，沉浸式体验将让理解抽象概念变得更容易。我们可以在细胞中遨游，也可以回到史前世界去认识当时的地球，还可以在现实的物理世界中叠加历史的图景，更深刻地理解历史事件。AI 也可以创建出名人的数字人，借助它孩子可以跟美国国父乔治·华盛顿或者著名科学家爱因斯坦对话，这样的互动过程可以帮助孩子理解历史事件的发展、历史人物的思考等等。

镜像世界将引出未来世界的几大难题：怎么保护隐私？怎么避免被单方面搜集数据？镜像世界是否会是一个被大平台统治的世界？在中美科技竞争的语境之中，我们将拥有的是一个互联互通、全球统一的镜像世界，还是多个平行发展、各不相同的镜像世界？这些问题我在本书中会一一讨论。

此外，要构建镜像世界，技术上也存在挑战。其中最大的挑战是如何做出既透明通透又可以展示图像的智能眼镜镜片,这种技术现在还没有完全成熟。众所周知,触摸屏的发明和广泛使用真正推动了智能手机的普及,因为它既可以显示影像,又能够感知到我们的点击和滑动。所以,一种能够集 AR 和 VR 于一身的镜片,将让智能眼镜成为真正的"下一个伟大创新"(Next Big Thing)。

02

CHAPTER TWO

异人智能——
重新定义 AI

为什么 AI 不是人类的复制品

怎么理解这个 AI 赋能的世界？首先，我们需要正确地理解 AI 到底是什么。关于 AI 有很多种细化说法，比如 AGI（Artificial General Intelligence，通用人工智能）、ACI（Artificial Capable Intelligence，具备特定能力的人工智能），甚至还有 ASI（Artificial Super Intelligence，超人工智能）等。

以生成式 AI 为代表的这一波 AI 浪潮代表了一种颠覆性的通用目的技术。这一点是当下人们的基本共识。和蒸汽机、电力、计算机一样，通用目的技术具备三个根本特征：一是它会影响到所有行业；二是它会越来越普及，也会越来越便宜，几乎所有人都能使用（想想电力）；三是它的推广并不会一蹴而就，这需要时间，尤其需要组织和制度的变革。

我更愿意用异人智能（Artificial Aliens）来形容未来的 AI。

为什么用异人智能来形容未来的 AI？

AI 多种多样，它们思维的方式与人不同。随着 AI 的进步，我们其实在不断地更新对思考的定义，未来也会如此。

到目前为止，我们制造的所有 AI 都不是人类，尽管它们在进行某种思考，但它们的思维方式和处理问题的方式与人类迥异，没有一种 AI 能够像人类那样思考和找寻答案。这有点儿像我们制造飞行器的过程。当决定制造飞行器的时候，我们会观察鸟类和昆虫的翅膀，试图制造拍打翅膀的飞行器，但最终还是以一种非常不同的方式（借助固定翼）实现了在空中飞行的梦想。可以说，飞机就像是一种外星飞禽、一种外星飞行器。

随着技术的进步，我们会不断重新诠释一系列关键词，比如思考、自我认知、自由意志等等。人类正在重新定义思考。在 AI 出现之前，人类自己会展开思考，然而，AI 也会有自己的思维方式，也会进行自己的思维活动，但这种活动不一定要被定义为思考。

我们对思考的定义一直在不断改变。50 年前，在计算器出现之前，我们会认为做加减乘除法，即要完成数字运算，就需要进行思考。现在我们绝不会把计算器的运算过程等同于思考。换句话说，我们正是根据机器的不断进步在不断重新定义思考，未来也将如此。

AI 将重新定义创造力

同样，随着 AI 的发展，我们也将重新定义创造力。原先我们会认为构图和绘画是体现人类创造力的行为，但在 AI 能够生成全新的图片之后，我们会把这些行为归类为机器学习，而不是创造性的行为。AI 的进步将让我们重新界定人与机器的能力边界。我们不能因为 AI 具备了一些人类的能力，就把它等同于人。

我要强调一下 Artificial Aliens 用的是复数，我们可以把异人智能想象成未来动物园中的各种动植物，种类繁多。有些可能非常简单，就像蕨类植物，它们可能并不聪明，但可能是某种对我们来说有用的智能。比如，有些AI的唯一工作就是翻译，它们可以像耳机那样容易佩戴，能够实时地完成中文和英文之间的互译，而且在这方面表现优异，但如果你问它们一个数学问题，它们就无法回答。

此外，我们还必须深刻理解智能并不只会在单一维度上进化，思考智能时最常见的错误是将其视为和音量类似的向量，只有高低的差别。

智能具有多个维度，把这些不同种类的AI比作动物园里的动植物更贴切一些，我们需要从多个维度去理解智能。如果用单一维度来衡量智能，你可能认为老鼠的智能水平较低，黑猩猩稍高，人的平均智能水平比较高，一个天才的智能水平会比普通人更高一点儿，AI的智能水平最高。但这种评价是完全错误的，因为智能水平体现在多个维度，并没有单一维度的评价标准。

例如，其中一个维度是记忆力，另一个维度是推理能力，还有一个维度是创造力。在某些维度上，AI已经超越了我们，比如：它的记忆力超乎想象，数字世界中发生的事几乎就是永恒的，它们会被永久记录下来，为AI所用；它的批量信息处理能力也是超群的。

能够记住曾经被记录下的所有内容就是一种超人的能力。我从未见过任何一个读过巨量图书并能记住每本书中所有内容的人。但AI做到了，它具有海量的知识，但这只是一种特殊的智力，与那种能让你提出新理论的智力不同。我们不能把记忆力等同于创新能力。

专用AI vs 通用AI：未来的智能分工

AI是人造的，但是我们制造的AI越多，就越能意识到AI具有多个维度且十分复杂。事实上，AI有许多可能的思维方式。和我们的化学元素可以组合成各种化合物一样，我们将拥有一些认知的原始元素，它们可以以多种方式组合，形成不同种类的智能。未来的一项新工作将与化学家的工作类似，负责打造不同元素排列组合成的AI。

所以，我们现在不用担心 AGI，反而应该特别重视特定领域内的 ACI。认为存在完全通用的 AI，这个想法本身就是错误的。

我很喜欢用瑞士军刀的比喻来帮助我们理解 AI。一把瑞士军刀可以做很多事情。瑞士军刀中包含平口刀、剪刀、小镊子、开罐器等。但在现实中，几乎没有人会经常使用瑞士军刀，因为瑞士军刀不如真正的剪刀好用。

大多数情况下，你不需要一种不怎么好用的通用工具。你想要真正好用的剪刀、真正好用的镊子、真正好用的开罐器。对于 AI 也是如此。可能所谓的 AGI 的能力很一般。我们将会拥有为解决特定的问题而专门设计和开发的 AI。

到目前为止，据我们所知，只有人类的智慧是"通用"的，也就是经过比较短时间的训练就可以理解和驾驭一个全新的领域。比起 AGI，专业领域内的 AI 才是我们最应该期待的。

举个例子，一个 AI 助教辅导作业的能力会比通用的 AI 助理强很多。这就是专用与通用之间的差别。通用的瑞士军刀虽然很酷，但真正的应用场景有限。我对技术演进路径的一种惯常看法是：技术的演进一般是从具体到通用。

"异人智能"这一概念也有助于我们更好地理解"人+机器"的未来。现有的 AI 仍然基于超大规模的数据训练和分析，它的思维方式与人类迥异。它是人造的，但它并不是在模拟人的思维方式。

相较于 AGI，ACI 应用场景更广阔，也更能为人所用。到了 2049 年，AI 仍将是一个工具，当然是非常强大的工具。在未来 25 年内，我们还无法让机器自由探索，它们仍然需要在人的指导之下来实现进化。

那我们该如何更好地使用 AI 呢？

AI 与人类的协作：从替代到共生

未来 25 年，人与 AI 的关系就好像《星际迷航》中舰长柯克和半瓦肯人斯波克的关系一样，是一对搭档。我们将继续保持这种指导者与合作伙伴的关系、队友的关系，人类以各种方式参与 AI 的运作，而不是让 AI 在云端独自"思考",拥有自己的意愿和议程。

设想在几百年后,人类因为遇到了《星际迷航》中的瓦肯人而获得了高超的技术,可以进行星际旅行。人类将与瓦肯人携手共赢。斯波克就是一个半瓦肯人,他不是人类,但有人类的特征。他有生命、思想、个性,但他并不是人类,他的思维方式与我们不同。在《星际迷航》中,还有一个叫达塔的人形机器人,也会与我们互动。尽管达塔的智力非常高,拥有相当出色的运算能力,但它仍然不是人。

《星际迷航》的故事告诉我们,尽管 AI 从表面上看会越来越接近人,但我们千万不要以人的标准来理解它们的行为。我们需要清楚,AI 与人类的思考方式不同。与 AI 互动,首要原则是要时刻提醒自己,不要把它们想象成人,不要总是认为它们会像人类一样思考,或者以为它们会以人类的方式与我们互动。

AI 与人最大的区别是创造力的不同。

我把创造力分为小写的创造力(creativity)与大写的创造力(CREATIVITY)。两者最大的不同是前者在很大程度上体现在复制与应用层面,更多地涉及在已知的世界用已知的方法更有效地完成任务，后者则聚焦在突破与创新层面，更多地涉及一种在未知的世界中努力探索、寻求创新的过程。AI在提升效率和优化结果方面能力卓越，但人在突破式创新方面仍然是独一无二的。

比如，一位设计公司标志的设计师，他的设计能力就是小写的创造力。这种创造力不会迫使人们以全新的方式来看待事物，不会带来突破，只是普通人每天都会用到的能力。这就是AI现在拥有的创造力，它们可以创造出一些新的东西，让你惊艳。当然，这也是大多数人类能提出的创意。之所以说AI会取代很多人类的工作，比如插画师、低阶的程序员，正是因为AI正在迅速获得这些领域中小写的创造力，即在实际生活中广泛应用的创造力。

在未来25年，我们很难想象AI能够进入大写的创造力领域。大写的创造力意味着突破。比如在科学研究中开辟一个全新的领域，供其他人进一步探索。它会改变人们看待事物与可能性的方式。很难想象AI可以提出全新的理论。在科研领域，AI将是一个非常高效的工具，但不可能独自完成科学实验。

到 2049 年，AI 无法替代人类完成需要大写的创造力的工作，但 AI 会是一个非常强大的工具，我们需要引导它去解决我们认为应该解决的问题。

人与 AI 在创造力领域的区别决定了未来"人 + 机器"的模式。具体来说，可以分为"替代"和"合作"两种模式。日常的普通创意工作大多数由 AI 代替人来完成。同时，在更复杂的领域中，人类可以为 AI 提供指导，这样 AI 就可以进行更具创造性的工作，不仅仅能解决难题，还能提出真正令人惊讶的新颖想法。人将与 AI 合作，扩展它们的创造力，使它们进一步为我们所用，创造出我们需要的东西。

整体而言，未来 25 年"人 + 机器"的模式会基于这样一个范式：机器会不断提升效率，而人反而会专注于低效的事情——突破性的创新往往是低效的。小写的创造力立足于效率的提升，比如为购物网站创建针对不同用户的不同页面，AI 特别擅长这样的工作。大写的创造力是真正意义上的创新。这种创造力并不来自逻辑思维，也不是基于过去案例的推导，它来自某种形式的想象力、某种经历或某些事物的重新组合。要让 AI 拥有大写的创造力至少在未来 25 年内将是非常非常困难的。即使在 25 年后,我们也不会看到 AI 完全独立地工作、创造事物。

未来 25 年将是一个持续巨变的时代。面对变化,人能更适应,而 AI 则没有那么高的灵活性。

相比之下,AI 最强大的能力是短期的预测,因为短期不会发生太多变化,能基于历史数据相对容易地推导出未来。但是在一个充满变化的世界,要做出长期的预测,并不是拥有海量的数据就够了,它需要对未来方方面面的变量有比较系统的掌握,能够从中敏锐地感知到真正发生变化的要素。AI 至少现在还缺乏理解复杂语境的能力,识别语境恰恰是人类举一反三能力的体现。

"人 + 机器"的模式还有一种细分模式,那就是 AI 也可以通过观察人类的行为以及在被人类使用的过程中吸取人类的反馈而不断进化。我称之为适应性(compatibility)。也就是说,AI 会变得更加擅长为人所用,它接受的不仅仅是知识方面的训练,还有人类行为方面的训练,因此会更深入地了解人类行为,有更强的适应能力。这种适应性将推动未来机器人的大发展。人类使用 AI 越多,AI 就能变得越好。

此外，对于 AI，我们还需要注意两个发展难题。

一个是"复印机难题"，即如果 AI 的创意基于过去的数据，或者基于其他 AI 创造出的内容，那么它最终会产出太多平庸的东西。这就需要我们花更多的时间去定义美，去帮助普通人提升他们的品位，因为如果人不提出新颖的创意，那么 AI 也很难进步。

另一个是"正确答案难题"。机器总是对的吗？人们会很容易接受"机器是对的"这一观点，就好像几十年前我们开始拥有计算机时一样，我们对机器提供的计算答案坚信不疑。因为人类并非完美无缺，人类会犯错，所以 AI 不会犯错的结论也证明了 AI 不同于人类，它仍是一种工具。但如果你认为机器总是对的，或者说机器总能给出正确答案，你默认的前提就是存在正确答案。在一些领域中，会有绝对可靠的 AI，但这样的 AI 将被视为一种异类。

机器总会提供正确答案吗？实际上，这给训练 AI 的人提出了更高的要求。

我们可以设想一下机器如何应对伦理学中最著名的"电车难题"。"电车难题"的大致内容如下。假设在一个电车轨道上绑了 5 个人，在备用轨道上绑了 1 个人。有一辆失控的电车飞速驶来，而你身边正好有一个摇杆。你可以推动摇杆让电车驶入备用轨道，杀死 1 个人，救下 5 个人；你也可以什么都不做，杀死 5 个人，救下 1 个人。你会怎么做？

人类对此并没有得出"正确答案"，但我们在训练 AI 时必须给 AI 一个答案。在现实世界中，即便人类司机要被迫做出这样的选择，我们也会因为事情发生得太快，猝不及防，来不及做判断，而把结果归结为一场意外。但我们不会这样对待 AI，在面对这种情况时，AI 必须给出一个答案。

换句话说，当期待 AI 未来能像我们一样处理复杂问题时，我们将被迫提升自己的道德水平，以便给 AI 正确的引导。

AI 的终局：承认我们的无知

未来 25 年 AI 会如何发展？我特别想要强调一点：

我们要承认自己的无知。当前的AI呈现出来的是一种全新的超能力——记忆并理解人类的海量知识，并据此产生一定的创造力。有了这种能力之后，AI的下一步是什么？我们并不知道。

现有的发展路径并不是无穷无尽的。

AI可以完美地回答问题。它会变得越来越好，直到它能完美地、准确无误地回答每一个问题。问题在于，在这之后它能做什么？它怎么才能变得比给出完美答案更聪明？在AI可以回答所有问题之后，它就不可能再经历指数级别的增长了。再向它灌输额外的信息来训练它的意义不大。

当AI可以正确解答所有问题，在某一领域超越了人类智慧之时，还能发生什么？谁也没有答案。所以，未来AI的发展会跃升到全新的维度。

当然，跟所有技术进步一样，让所有行业都运用AI也需要时间。AI需要10年或更久的时间才能渗透进经济的方方面面，并彻底改变人们的工作。

03

CHAPTER ▪ THREE

AI 助理——
你的私人管家
无处不在

从 CEO 的私人秘书到全民 AI 助理

我一直有一个展望未来的思路，那就是去看看富人现在正在使用哪些昂贵的服务，然后想象一下这样的服务如何进入普通人的生活。几年前有个关于 AI 的比喻，把 AI 比作《财富》500 强企业 CEO（首席执行官）所配备的私人秘书。对富豪而言，由私人秘书来安排自己的工作，由管家来打理自己的生活，这是司空见惯的。

到 2049 年，每个人都会拥有像私人秘书一样的智能助理，即 AI 助理，它会像我们手机上的 GPS（全球定位系统）导航软件一样普遍。而 AI 助理的出现将带来一系列变化。它们会深度融入我们的生活，成为我们生活中不可或缺的一部分。

AI助理演进的过程会遵循从专业到通用的原则，也就是说，先出现好用的刀具、剪刀、螺丝刀，再出现多用途的瑞士军刀。

在未来，我们需要一个通用的AI助理，它可以处理很多事情，而且会比现在的一些客服呼叫中心的AI助理聪明得多。比起单一用途的AI助理，要训练出一个针对你个人需求的通用AI助理，并且让它达到人们愿意为其付费的水平，还需要很多年。

但较为实用的AI助理会在未来5年内出现。它最初的形态可能是由电商平台提供的零售助理，针对你的需求向你免费推荐商品和服务。之后更为实用的AI助理会出现，它会作为你的秘书和管家，帮你查阅邮件、做旅行规划等。我们对AI助理的依赖也会日益增加，而这种依赖其实是对智能手机依赖的延续和深化。

AI助理如何改变工作与生活

未来我们可能在不同的领域中使用不同的AI助理，

它们可以是我们的医疗顾问、补习老师、心理咨询师、职业教练和职业顾问等。在某个阶段，AI助理至少可以帮助我们做一些准备工作。随着AI变得越来越智能，它们将会发挥更大的作用。

AI助理已经成为各大公司关注的大赛道，但还没能爆发，主要有几个原因。

第一，AI助理现在还不太可靠，可能出现错误或失灵，这会降低人们对它们的信任度。第二，由于人们在训练AI助理时倾向于让它们学习平均数据，所以AI助理往往只能提供一般水平的服务，而无法有特别出色的表现，这使得它们难以满足个性化需求或处理复杂问题。第三，要对其进行优化，需要一定的技能，有些人比其他人更擅长使用它们。

AI助理会以什么形态出现呢？我认为会有多种形式的尝试。在决定它的形态时，我们会问一系列的问题，比如：

它是你时刻都能感知到的东西吗？

它会出现在你的视线中吗？

它是你看不见但可以直接对话的东西吗？

它是否需要一个屏幕？

换句话说，只要互动方式很智能，AI 助理就可以有不同的形态，比如虚拟世界中的虚拟人，耳朵边随时在线的语音助理，或者通过智能眼镜可以看到的以 AR 形式出现的各种提示。

AI 助理与镜像世界的融合将让我们看到未来人机交互的主要方式，而它最有可能植入智能眼镜或者智能穿戴设备，智能眼镜和智能穿戴设备也将是下一个各方争夺的关键点。

智能手机的推出，让人们拥有了触摸屏这种全新的人机交互界面，与此类似，未来的智能交互方式也需要新的标准和协议。

未来将会有一大批新的人机交互的界面和手势出现。这种交互将兼具语音和视觉元素，很可能涵盖人类在自然世界中交互的所有方式。语音只会是与 AI 助理交互的一种方式，因为在使用语音时，我们无法像在视觉界面中或像阅读时那样直接获取所有信息。

苹果公司推出的 Vision Pro 头戴显示设备虽然不温不火，但它在探索未来的人机交互方式方面有可能走在前面。现在 Vision Pro 已经开始推动用手势来与机器交互，未来还可能推出新的信息展示和处理的方式。任何一个人机交互的操作系统都需要有开发协议、标准和互动方式，就好像 PC（个人计算机）时代的视窗操作系统启用了鼠标，智能手机时代的苹果手机操作系统和安卓系统推动了触摸屏的使用，在镜像世界的操作系统塑造人机互动方式方面，至少苹果可以占有先机。

将来会有 API（应用程序接口）让 AI 助理相互连接，它们之间会使用协议进行沟通，绕过我们人类常用的语言或者文字。

B2B 时代：AI 助理之间的协作

B2B（bot to bot，机器人程序到机器人程序）的世界有点儿类似于我们现在使用的智能手机的世界。每个人都会有一个 AI 助理，它与手机的操作系统类似，我们也可以把它称为 AIOS（AI 操作系统）。企业通过设计 bot（机器人程序）来为人们提供服务，这些 bot 就像智能手机里的各种 APP（应用）。

一开始，人们可能还会自己来决定使用哪一家的专业 bot。但随着 AI 助理变得日益智能，至少在人类日常生活领域，比如出行、订餐、采购日常用品、订票等，它都会替用户做出选择。人类直观的感受是这些日常琐事都会被 AI 助理打理得井井有条，不再需要自己费心。所以与智能手机相比，在 B2B 的世界中，AI 助理将与各种 bot 连接，不再需要人类经手，在此过程中，AI 助理也将真正实现隐身。

AI 助理就像是每个人的管家，你只需要与管家打交道，管家会处理所有其他的任务。这样的 AIOS 会引发群雄逐鹿。和智能手机的操作系统只有苹果和安卓一样，AIOS 领域也将出现天然的垄断局面，会有两家公司（最多三家）主导市场。这些 AIOS 不一定是最聪明的，但它们必须是设计得最好、最直观的。

而"AI 应用"，也就是 bot 则会丰富得多，涵盖医疗、教育辅导、旅行、娱乐、电商、社交媒体等领域。bot 的生态也会像智能手机 APP 生态一样变得越来越丰富。如果有一个更好的 bot 出现，AI 助理会负责评估它，决定是否替换现有的 bot。用户可以设定一个预算限制，让 AI 助理在这个预算内管理所有的 bot，及时升级、更新它们，确保它们始终是最好的。

如果 AI 是未来的"电"，那么它对用户来说会是隐形的，bot 也是如此。这将引发巨大的商业创新机会。

在 B2B 的世界中也需要建立信任。

未来关于 B2B 的交易将会非常多，如何确保双方的信任，如何确保合同的执行，智能合约所具备的不可篡改性将在这一过程中发挥巨大作用。同样，智能合约和 AI 一样对人们是隐形的，是一种企业级的应用，用户甚至不会意识到智能合约的存在。关键在于，将信任嵌入到合同的执行中去，以确保两个助理之间完成交易。为了解决信息造假问题，像加密和智能合约这样的技术对 AI 操作系统至关重要，需要将这些技术融入未来的镜像世界。

04

CHAPTER FOUR

透明社会——
数据驱动的
未来

为什么透明是未来的必然

我们需要深刻理解透明和互见性（co-veillance）这组概念，理解为什么信息透明很重要，为什么需要提出互见性来保障每个人的权益。

在镜像世界，每个人的行为数据都在不断被捕捉。智能眼镜和 Vision Pro 等设备正在搜集大量非常个人化的数据，比如你在看什么、看了多长时间、你所在的位置、你所处的环境等等。这些设备会捕捉你的一举一动，包括你的各种细微表情和你在各种情况下的反应。

这些数据是训练通用 AI 助理的前提，是提供高度定制化服务的前提。我们希望 AI 助理能真正懂得我们的喜好和想法。从未来发展来看，我们成为没有隐私的"透明人"是大势所趋，因为万物互联，每一个机器都一定会是环境数据、运营数据的搜集者。

透明和隐私的关系就是鱼和熊掌的关系，二者不可兼得。从智能手机时代大多数人的反应来看，更多人会选择做"透明人"，因为他们更喜欢定制化的体验和贴心的推荐。这并不是说隐私不重要，但是如果镜像世界真正能为每个人提供定制化服务，要享受这种服务，用户就需要让渡隐私权。

到了2049年，要在现实世界叠加镜像世界，就需要在两边做取舍：一边是高度个性化但透明的世界，另一边则是没有任何个性化但有很强隐私保护的世界。个性化与透明性是紧密联系的，它们的对立面则是隐私保护和不透明性。因此，每个人都需要在个性化和隐私保护之间做出权衡。我更希望也更喜欢生活在一个个性化的世界，所以并不介意自己变成"透明人"。我想大多数人在权衡时也会做出和我一样的选择。

为什么会如此？我觉得值得花一些精力来探讨透明与隐私的关系。

隐私保护 vs 个性化：我们该如何选择

如果想要极致的个性化，你就必须接受几乎没有隐私可言，你必须是透明的。如果想保护隐私，你就只能享受到镜像世界中的平均水平的服务，被当作一个普遍的个体。你会因为个性化的缺失，而被简化为单纯的统计数据。到目前为止，当要在个性化和隐私保护之间做选择时，大多数人都会选择个性化。

如果我希望享受非常个性化的服务，希望 AI 能预见并满足我日程安排中的需求，那么只要能从个性化中获益，我就愿意接受被搜集信息的现实。

但如果我发现我的信息被用来对付我、窥探我的思想，或被用作其他用途而不是为我服务，那我就不会再信任它，也不愿意再使用它。如果我不希望他人知道我的私人信息，那么我只会被 AI 当作一个被简化的统计数据，因为没人知道我的任何信息。

我们可以用两种不同的方式来提出同样的问题。

你愿意作为一个"透明人"生活在一个被监控的世界中吗？我想大多数人的回答是"不"。但换一种说法，如果想要享受定制化的服务，拥有个性化的 AI 助理，你必须放弃大部分隐私，你愿意吗？很多人会很犹豫。

其实问题的核心是在信息搜集方面如何做到权利与义务的对等。这又会引发两个值得深入思考的问题。第一，面对政府和大企业，普通人如何能够在被搜集信息的背景下，很好地主张自己的权利？第二，在一个"人人皆媒"的镜像世界，每个人（依赖智能眼镜和各种可穿戴设备）和每一台设备（从汽车到家用电器）都是真实世界的记录者，这种去中心化的信息搜集能否抗衡中心化的信息搜集？

互见性：双向透明的社会规则

一些人可能会问，用户怎么能忍受在一个几乎所有信息都被搜集的世界中生活？我认为这并不是什么大不了的事情，但信息搜集本身必须做到公开和透明，这是前提。这是互见性这一概念的核心。

互见性强调，信息搜集的首要前提是用户的信任，也就是说，他们相信这样做会使大量价值和好处直接流向自己。比如，AI 通过搜集和分析所有交易数据和元数据，可以清除潜在的欺诈和洗钱行为，给个人金融服务带来保障。这就是信息透明的好处之一。

互见性还强调对等的权利与责任。通常来说，无论你的哪些信息被搜集，你都应该有权访问它，而且这些信息应该是可追踪和可核查的。比如，如果我的情绪被记录了，我应该能够查看或访问这些信息，同时也拥有知情权，知道除了 AI 助理，还有谁调用或访问过我的信息。

互见性强调双向透明的责任制。透明性必须是双向的，作为一个"透明人"，我必须能够了解所有搜集我的信息并观察我的机构，知道我自己的评分，还要有申诉的途径。它们能看到我，我也能看到它们。同样，责任也必须是双向的。如果我不同意、觉得不公平或系统出错，那么我有权进行申诉。如果这一切完全是单方面的，我不会接受。它必须在某种程度上具有对称性。

如果没有这种机制，信息搜集就无法展开。如果对机构的好处过多，对个人则不够，就会出问题。因为我们知道总会存在问题和错误，所以必须预先约定好公平的纠错机制。在商业领域，如果公司没有提供申诉和纠错的方式，再好的产品也很难取得长期的成功。在镜像世界中，互见性至关重要，我们必须确保搜集信息的系统自身的行为是公开且透明的。

申诉和举证的权利也很重要。镜像世界是一个万物互联的世界，一旦遇到纠纷，需要有机制能调用所有记录个人行为的数据。举个例子，我走过了一条黑暗小巷，如果那里停着辆车，车载传感器搜集了我的行为数据，我就应该有权获取这些数据。我们需要一种机制，以便在出现纠纷的时候，能够调用所有搜集的信息，重现实际发生的情况。

最后，为了加深互见性，还需要有两项保障性举措，一是设立隐私区，二是建立合理的上诉机制。

"透明"的世界并不是说完全没有隐私，每个人都可以要求建立自己的隐私区。比如，在家中，你走进家门后可以有两种选择：一种是在家中完全不进行任何录音、录像或其他的信息搜集,这有点儿像智能手机时代的"不插电"运动,或者说断网,但大多数人可能不会选择这种方式;另一种更可行的选择是,信息搜集的结果只保存在本地,从不与外界共享,并且有明确的协议对此进行规定。

人们也可以在公共空间设定专门的区域,在这些区域中不会进行任何信息搜集,比如一个不搜集任何信息的公园。就像在公共浴室或更衣室中不能使用手机一样,当进入这样的区域时,你要摘下智能眼镜,完全退出镜像世界。

透明是镜像世界的基础。如果每个人都强调隐私,不愿意分享数据,很难想象能建立起真正的镜像世界。所以在未来的镜像世界中,大多数情况下每个人都是"透明人",随时随地被搜集信息。他们之所以会选择允许个人信息被搜集,是因为他们信任这个镜像世界,相信这是一个有互见性的世界,谁在搜集什么信息完全公开透明,每个人都有权利访问关于自己的任何信息,特别是在涉及法律问题时。每个人都有公开透明的申诉途径,系统必须有纠错机制。此外,这将涉及大多数人在透明与隐私保护之间的权衡，所以这一过程是渐进的，只有当大多数人从透明的社会中获得更多定制化的服务和福利时，他们才会选择让渡大部分隐私权。

05

CHAPTER ▪ FIVE

内容井喷——
AI 重塑内容
创作

05

CHAPTER
FIVE

内容本理

AI 董内容

创作

未来 25 年我们如何创作和阅读

更多的创作者、更容易的创作、更丰富的内容,是镜像世界最重要的特点。未来每个人都会写书、出播客、拍视频。

在镜像世界,传统的内容载体会发生变化。我们通常说形式决定内容。书籍是前数字时代最重要的知识载体,书籍作为一种内容载体也长期固定下来。我们经常会看到一本书的源起是一篇重要的报告或者一篇有意思的报道,但为什么要写到一本书的篇幅——一个比较直观的衡量标准大约是 10 万字,就是因为这是出版商最熟悉的产品形式。

AI 将直接影响出版行业。现在这个行业的问题是书太多了。一本好书，真正有效的信息大约只有一个章节的长度（小说除外）；一篇文章，真正核心的内容可能就几段话。书为什么越写越长，其背后少不了出版商等各方的利益驱使。随着功能强大的 AI 助理的普及，人们可以让 AI 助理阅读所有的书籍，因为它对用户非常了解，所以可以在与用户互动的过程中找到每本书对用户来说最新颖的那部分内容，并将其推荐给用户。

在严肃内容领域，打破形式——固定篇幅的书——而获取本质的内容，变得至关重要。当 AI 助理成为书的第一读者的时候，书的形式也将发生巨变。

未来的书将是一个人类知识的大合集，书与书之间可以互相连接，每本书都带有各式各样的超链接，把所有知识都串联起来，形成一个 Meta（元）文本 /Mega（超大）文本，就像一本"总书"，一本汇集了人类智慧的书。

如果要做到这一点，就需要重新审视版权。生成式 AI 的出现引发了许多关于版权的争议。之前就有人专门讨论到底是应该保留版权，还是应该实现版权开放，这可以说是隐私（对作者创作的保护）与透明（公众利益与互联互通的最大化）之间矛盾的一种翻版。如果我们坚持透明是未来，那么打破过时的版权制度也将成为未来 25 年需要完成的事情。

对创作者权益的保护有许多种，为创作者提供益处的方式也有很多种。利润和名气这两点其实同样重要，或许后者能够构建成更为重要的收入来源。一本可以连接所有书的书，其背后依托的基础是对所有人开放，所以作者需要用其他形式来获取收益，而不是版税。

一种方式是可以通过被引用的次数收费，被引用越多的书，其创作者可以获得的收入越高。这一方式其实已经体现在科学文献中，不过它是以另一种形式，也就是名气的形式给创作者带来好处。

电视剧也是形式塑造内容的一种体现。美国公共电视台黄金档以半小时或一小时为限制，所以情景喜剧的单集时长不会超过 25 分钟，而正剧单集时长通常在一小时以内，但为了插播广告的方便，一集剧集又会被分割成更小的单元。当然，为了引起用户的兴趣，每一集的结尾还会留下悬念。这些都是形式对内容的塑造。

镜像世界的内容会如何被塑造？需要我们去思考当外部的框架（无论是书、电视剧或者电影的形式）都被打破，AI 助理可以更直观地帮助我们达成自己的目的，参与、互动和沉浸式的体验日益流行时，会涌现出什么样的全新的表现形式？

因为镜像世界的出现，我们阅读小说的方式可能发生巨变。对于一本喜欢的小说，我们不仅可以读，还可以体验，让 AI 助理帮助我们再现小说所描绘的虚拟场景，甚至我们自己可以化身小说中喜欢的人物，在以小说为蓝本构建的虚拟世界中体验小说的情节。当然，顺着这个脑洞进一步向前走，小说、电视剧、电影、游戏的边界可能会被打破。

把小说改编成电影，由电影衍生出游戏，甚至围绕着诸如"星球大战"或者"漫威宇宙"这样的大 IP 来打造多维度的内容，这种模式由来已久。镜像世界带来的改变体现在两点：个性化定制和去中心化／众包形式的情节演进。

AI 时代创作者如何生存

塑造内容的不仅仅是形式，当然还有创作者。

未来 25 年，好莱坞将再次被颠覆。好莱坞内容生产的核心是电影，电影的投入巨大，经常是需要 10 万人天的巨大项目，因为投入众多，才会变得特别保守，风险偏好低，创新不足。

如果能将电影创作的成本降低一个甚至两个数量级（将电影的制作成本降低到 1 万人天，甚至 1 000 人天以下，或者一个人 365 天），那么其创作的丰富度就会变得更高。当然，因为投入减少了，所以风险也会降低。AI 会让影片的呈现变得更加容易，每个人都可以成为编剧和导演。在未来，一人电影、粉丝电影将变得十分流行。

以电影创作为例，我们可以很容易推导出未来的 25 年将是一个内容井喷的时代，一个延续过去 20 年信息爆炸、内容超级繁荣、个性化创作日益普遍的时代。各种创作/制造的门槛都可能被降低，未来在更多领域都会出现乔布斯和马斯克那样的人物，因为优秀的点子、疯狂的想法，会更容易被实现。

未来的内容创作将呈井喷式爆发。对创作者而言，有两个关键点：首先是做好自己，兴趣驱动而不是简单的利益驱动，专心做好自己感兴趣也擅长的事情；其次是找到真正喜欢你、愿意支持你的粉丝，这需要足够大的受众群和更好的匹配机制，当然也需要更多的交流和一定的运气。

正如迪士尼公司 CEO 鲍勃·艾格所说，若把电影拍得很棒，观众就会来，公司应专注于制作更好的电影和电视节目。在未来，这样有追求的创作者会越来越多。他们会专注于自己的爱好，不断提升自己的内容。

镜像世界会更加高效地将高质量的内容与感兴趣的用户匹配起来。因为全世界的人都是潜在的受众，传播的长尾效应会非常明显，优秀的内容创作者获得 1 000 个忠实粉丝并不难。当然，镜像世界也会保留不小的随机性和偶然性，给创作者和粉丝带来惊喜。

在未来，如何从海量的信息（包括人和机器共同创作的信息，以及机器生成的信息）中检索出重要的信息，推荐变得至关重要。与机器相比，人是更好的推荐者，因为他们会遵从自己的直觉，推荐自己喜欢的东西。未来的推荐会糅合算法、个人评论以及专业机构的品牌背书。

好莱坞面临的颠覆也将延展到各种内容生产领域，其结果是机构媒体会更少，但内容本身会更全球化，自媒体则会更多，因为人人都是自媒体。

AI将进一步降低媒体的门槛。我参与创建的《连线》杂志就是20世纪90年代媒体的准入门槛降低之后，我创业的成果，因为从排版到印刷，都不再需要投入巨大的成本，一切都可以数字化之后，一个人/一群人的构想就能很好地快速实现。

镜像时代，还有一个会迎来大爆发的领域，那就是数字虚拟人。

在25年内，每个人都可以以自己为模板创造出逼真的数字虚拟人。以爆火的女歌手泰勒·斯威夫特为例。可以想象，在未来的电影中，斯威夫特可以授权自己的数字人出演某个角色。她也可以授权自己的数字人变成女孩们喜欢的数字玩伴，就像芭比娃娃一样。在镜像世界中，用户甚至可能有机会与斯威夫特的数字人约会。

与数字人约会没什么大不了的。你也可以和机器人约会，甚至爱上机器人。人们总是会和宠物产生非常强烈的情感纽带，但这并不是因为他们认为宠物是人类，而是因为它们也有感情。

  数字人的发展是 AI 参与内容创作的一个案例，未来 AI 将创造出更多包括互动体验和个性化内容在内的新娱乐形式。这种内容创作需要保证内容的质量，避免被普通的 AI 生成内容淹没。这就需要人类在策划和指导 AI 的创意输出时发挥关键作用，而不是由 AI 主导，批量生成吸引普通人眼球的垃圾内容。

  我将进一步分析未来 25 年的十大发展领域。

06

CHAPTER ▪
SIX

AI 的技术演进

AI 是镜像世界最重要的基石

我提出了未来 25 年至关重要的 5 个核心概念，分别是镜像世界、异人智能、AI 助理、互见性以及内容井喷。接下来，我将进一步思考技术的进步在未来 25 年会给哪些领域带来巨大的改变。

未来 25 年技术演进的逻辑清晰可见：首先是基石层面的 AI、数字治理与组织变革；其次是生存层面，以医疗和教育为代表；再次是应用层面，比如机器人、自动驾驶和太空探险；最后是人类探索的终极层面，涵盖生命科学和脑机接口。

未来 AI 自身的发展会是什么样子？最近 10 多年来，

从视觉识别开始，到 2017 年以"深度学习"为工作原理的 AlphaGo（阿尔法围棋，谷歌开发的围棋人工智能程序）战胜李世石，AI 领域出现了两三年的火爆行情，接着一度陷入沉寂，直到 ChatGPT 横空出世，让大语言模型成为这一波 AI 热潮中的新宠。这中间催生了太多的泡沫，也让在 AI 芯片领域有明显技术优势的英伟达市值超三万亿美元，一度成为全球估值最高的公司。

AI 发展的三种可能性

未来 25 年 AI 发展会有哪些可能性呢？这值得我们为其构建不同的场景。

从技术发展本身的逻辑来看，我们可以设想三种场景：第一种是 AI 继续扩展规模，人们因此而获得巨大的收益；第二种是规模扩展不再有效，但有另一套复杂的模型可以帮人们实现目标；第三种是 AI 的发展陷入停滞，出现"AI 寒冬"，停滞在一个平台期。

第一种可能性是当下 AI 市场火爆最重要的依据。

这种可能性假设AI可以通过不断扩展规模实现持续成长。我们只需要拥有更多的数据、更先进的芯片，就能训练出更"聪明"的AI。换句话说，数据的规模越大，算力越强，效果就会越好。如果把语言模型、物理模型和神经网络叠加在一起，通过各种不同的排列组合，也就是现在很多业内人士所强调的"多模态"，AI就可以一路向前，不断取得进步。而且在这种进步的过程中，还可能迸发出所谓的"智能"的火花。这种进步很像是一种商业法则，比如摩尔定律，给指数级的增长定下了一种发展路径。英伟达加快芯片架构的更新速度，从每两年更新一次到每年更新，可以说也体现了市场上对算力持续提升的渴望。

当考虑第一种可能性的时候，我们也必须思考它可能带来哪些意想不到的结果。就好像比特币的热潮所带来的挖矿狂潮一样——最夸张的时候全球比特币矿机运算所耗费的电能相当于一个中等小国一年的电力消耗——这种通过持续不断地扩大算力来推动AI增长的模式意味着它的电力消耗也会随之水涨船高。现在已经有高科技企业为了确保训练自己的AI时有足够的电力支持，开始考虑在即将被淘汰的火电站附近建自己的数据中心，或者干脆投资小型核电站了。AI 会留下多么巨大的碳足迹，在未来 25 年会给气候变暖带来哪些冲击，这也是我们需要去考虑的重要议题。

第二种可能性是，规模扩展不起作用，更多的数据、更强的算力不足以培育出更强大的 AI，AI 发展到一定程度，会遇到瓶颈，进入平台期。这时候，如果要取得突破，就需要其他类型的模型。比如，需要自上而下的、结构化的模型，如符号推理；需要一种完全不同的、可以进行演绎推理的模型，而不是目前这种扁平、统一的神经网络模式。这些模型还在研发之中，也有人在研究不再依赖算力和大数据的替代方案。

模拟人类的大脑也是一个方向，人类大脑能耗只有约 25 瓦，在学习时它并不需要有 100 万个示例，几十个就可以了。

第三种可能性是，前面两种假设都没有实现。15 年或 25 年后，和 VR 或 AR 过去的发展历史一样，AI 基本上还停留在和现在大致相同的水平。

我认为，未来 AI 的发展很有可能是第一种和第二种可能性的交叉版本，我们可能在未来看到不断堆积数据和算力的"边际效用递减"，也可能看到 AI 研究领域的全新变化。

重新定义真实

人类社会一直以来都有一套筛选事实的准则，比如某种说法是否符合新闻行业形成的一系列准则，是否有至少两个独立信源，提出这种说法的人口碑如何，等等。直到 100 年前照片出现，人类才开启了一段短暂的信任照片的历史。在那个时代，如果想要篡改历史，就需要编辑照片，把一个人修掉，再把另一个人添加进来。

当 AI 被广泛运用时，我们需要重新定义真实。它将改变我们在大众传媒时代所形成的"眼见为实"的标准。AI 时代出现的各种深度伪造（deep fake）会把我们又推回到前照片时代，我们需要检验每一个消息源，再真实的影像，如果没有独立信源来证明，就都不可信。

在高度数字化和智能化的世界，我们评价事实的标准应该与现在完全不同。也就是说，我们得先假设我们看到的照片或影片都是假的，直到我们能证明它是真的。

这种验证真实的需求也会推动大平台很快开发出AI"测谎仪"，它可以检测人们分享的视频和图片，判断它们是否被动过手脚。准确率虽然不可能达到100%，但99.5%还是可期的。AI平台也会达成行业共识，在AI生成的图像和影像上加上类似水印的辨别真伪的标记，被修改过的影片和照片也都会被加上标记。

可能有人会质疑，人们并不在意大多数AI制造出来的图片和影像的真伪。我们不会在意好莱坞电影中的角色是真人还是数字人，也不会在意广告是不是人工合成的。但我们如果深入思考一层，就会发现眼球经济/注意力经济在AI时代会有新的发展。

全球 AI 的商业格局

AI 是当下最前沿的领域，但它已经不再是普通创业公司可以参与的游戏了——除非另辟蹊径，这个游戏的入场券至少需要 10 亿美元。所以我们在思考 AI 发展的时候，需要思考其背后商业模式的变化。在过去 25 年，我们看到的是一个强者恒强的时代，从 FAMAA［脸书（Facebook）、亚马逊（Amazon）、微软（Microsoft）、谷歌（Google，属于 Alphabet）、苹果（Apple）］到华为，高科技平台企业一个个富可敌国，构建起了自己的护城河。至少从研发 AI 所需要的投入来看，AI 领域仍会被巨头主导。

过去 25 年的科技史表明，未来全球 AI 领域可能会出现两三个主导者，也可能出现一个主导者和两个追赶者，这些追赶者会尝试不同的方法，试图超越领头羊。主导者的地位只是暂时的，可能最多只能维持 10 年，甚至更短，仅维持 8 年、7 年。

AI 是未来 10 年中美竞争最为激烈的领域，会不会因为国别的不同而出现 AI 的分化？除中美两国外的其他国家可能会想要限制居于主导地位的 AI，因为它们不想屈从于一种主导力量。它们可能想尝试发展自己的 AI，有些国家可能会更成功。以之前的发展来看，欧洲是一个失败的例子：欧洲人一直在数字领域努力，他们想要拥有自己的搜索引擎，不想依赖谷歌，但从未成功。

  排除地缘政治的因素，未来 25 年内在 AI 领域很有可能出现一个非美国的主导者。中国和印度将在 25 年内超越模仿阶段，开始进行真正的创新。它们可以利用硅谷的信息、资金和创业公司的基础设施来实现某种混合发展。

  AI 领域更值得重视的是那些被 AI 赋能的细分领域，也就是镜像世界中的 AI 应用，或者说 B2B 世界中的各种 bot。

  目前，受 AI 影响最大的领域是编码和软件编程。如今，每个程序员都在使用 AI 来加快工作速度、优化代码，甚至那些正在编写 AI 程序的人员也是如此。在某个阶段，AI 将在创造新的 AI 方面产生重大影响，或者至少会加速具备更强大能力的 AI 的问世。我们目前拥有的AI的两种重要模型架构——神经网络和大语言模型——似乎尤其适合生成代码，因此，可以肯定地说，到目前为止，AI最重要的影响在于催生出更出色的AI。

未来25年发展最快的领域一定是充分受益于AI技术的领域。AI研究和部署公司OpenAI的创始人奥尔特曼曾提出，未来最值得投身的赛道，应满足这样的特质：当OpenAI等高科技企业发布新一代模型，宣称其智能水平相较前代提升10倍时，在这条赛道上的你会为此振奋不已，而非心生忧虑。这意味着，在这条赛道上，技术的突破性进展不是令人不安的潜在威胁，而是推动行业变革、创造无限可能的强大动力。它与前沿科技深度融合，能够借助技术飞跃实现自身发展，让参与者在时代浪潮中抓住机遇，而非被其淘汰。

07

CHAPTER SEVEN

AI 驱动的终极信息化国家

从大数据到 AI 治理：如何构建透明社会

为什么镜像世界需要拥抱透明？因为它需要海量的数据来不断训练 AI，同时它也需要尽可能多地搜集数据来构建一个仿真的虚拟世界。当然最终 AI 会帮助这个虚拟世界变得更加真实、更加个性化。仿真世界中的各种产业、企业、每一个人的数字分身，都需要大量且不断更新的数据。AI 和其他新技术，比如区块链，能够帮助维护构建这样的世界所需的透明度。

如果说从搜索到推荐是过去 25 年互联网上发生的巨大改变，那么定制化 / 个性化的产品和服务将是未来 25 年发生的最主要的变化，而定制化 / 个性化的基础是对个人的全面了解。

在前文中，我提出了透明和互见性对镜像世界的重要性，但要真正实现透明，推动互见性的实现，需要政府、企业和大众对于 AI 所带来的繁荣与便利，以及要取得这样的繁荣和便利所需要付出的代价有清晰的认识，因为鱼和熊掌不可兼得。

互见性到底意味着什么？简言之就是决策方和决策过程同样需要透明，会受到监督，不能有暗箱操作。我希望在 25 年内中国可以构建出这样完全透明的系统，并且可以有相应的法律和上诉机制。

随着智能经济的进一步发展，政府搜集到的经济信息应该从根本上对所有人开放。政府可以将所有数据以付费形式向公众开放，因为政府需要花费时间和精力梳理数据，并提供有助于经济发展的精准数据。如果你想做生意，你可以支付一小笔费用，来获得相关的数据。

同时，我们也需要在全球范围内重新定义"隐私"，这需要全球与数字治理相关的各方深入讨论、达成共识。隐私的定义有三个要点：我们如果把隐私定义为个人数据，就不应过度刻意保护隐私，个人需要让渡一部分隐私权，换取全社会数据领域更加透明所带来的收益；需留给个人一定的空间，留给少数派（"不插电"派）自我选择的权利；当然，最重要的是知情权，而且是平等的知情权。

我们也要理解，个体对于隐私的理解其实是很模糊的。不同人会有不同的数据隐私敏感度。

人是非理性的，他们口头上说在意隐私，但在实际行为中如果享受到了便利，就并不真正在意隐私。此外，不同群体对于自己在分享个人数据时的舒适度并没有清晰的界定。不过，你如果要在 AI 时代享受便利，就必须做出取舍。

更为重要的是我们需要对 AI 的公共属性有更为清晰的认知，这就需要对全球数据治理进行深入的讨论。

全球数据治理机制的建立

如果说算力、算法和大数据是未来 AI 发展最重要的三个引擎，那么在我们看到替代路径之前，全球在这三个方面的竞争都是显而易见的。

在算力上，美国严格控制英伟达向中国出口最新的芯片，也对半导体设备制造商阿斯麦（ASML）实施同样的限制，其目的就在于限制中国芯片制造技术的发展，保持美国的算力优势。

在大数据领域，这种冲突同样存在。

大数据不仅来自 TikTok（抖音国际版）这样的短视频社交电商平台，还将来自物联网。未来物联网上的所有机器和工具都会是大数据的采集者。无论是电动车、船舶、飞机，还是工程机械、港口设备、机器人，甚至各种家用电器，都会随时随地地搜集大数据，在万物互联的时代它们都将成为环境信息、运营信息和使用者信息的搜集者。在 AI 时代，无论是现实中的机器还是虚拟平台，都在随时随地搜集信息，我们不可能改变这一点，我们需要顺应这一点。这些信息的搜集、汇聚、使用，将给全球经济和商业发展带来极大的便利，因为机器的智能化依赖它们对环境数据的实时搜集、处理和反馈，同时这些大数据也有助于不断改进 AI 的算法。

无论是虚拟世界还是物联网世界，大数据的搜集和使用将成为未来AI时代的根本特征，这毋庸置疑。这需要我们重新思考全球的数据治理机制。迟早，一切都会成为能够捕捉各种感官数据的智能机器。关键问题在于"智能化"。

关于全球大数据治理首先要讨论的问题就是建立全球都能够尊重认可的"信任并确认"（trust and verify）的机制：信任大数据不会用来"作恶"——对于作恶的定义需要达成全球共识，同时确认谁（包括政府、企业、机构和个人）在什么情况下能如何使用大数据，给每个人以明确的知情权。在此基础上，人们需要努力去降低大数据全球流动的壁垒。

这不仅涉及数据，还涉及整个流程。它关乎数据是否可信，数据搜集的流程需要是可信的，包括搜集什么类型的数据，如何搜集这些数据，谁可以访问这些数据，如何证明其可靠性，如何维护它们，以及如何纠正它们。

此外，在AI时代，全球大数据需要互联互通，这是最基本的原则。

未来竞争将加剧，而我们现在还没有数字经济竞争的规则。当然我们也不必过度强化数字时代的经济战。虽然虚拟现实的存在会让工业间谍活动增加，但这种活动的回报可能会逐渐减少，因为简单窃取知识本身是不够的。这有点儿像阅读食谱与实际烹饪之间的区别。企业内部拥有许多隐性的知识，拥有很多无法被记录下来的东西，拥有关系网。要完成一件真正复杂的事情，只是简单地掌握了相关信息远远不够。

当然，关于数字治理和数据安全的全球共识不可能马上达成，这需要时间，也需要深度沟通。未来25年可能恰恰是一段充足的时间来对智能设备的信任问题达成初步共识。

共通性同样重要，这是全球数据治理的大议题，不仅涉及数据跨境问题、数据监管问题，还涉及一个非常重要的问题，也就是未来的AIOS，即镜像世界的操作系统，是不是互联互通的。互联网是互联互通的，但其他的系统是孤立的，怎么办？如果在底层就没有实现互联互通，如果出现了多个平行的数字世界，对全球都是不利的。

08

CHAPTER EIGHT

AI 如何重塑组织

最重要的组织变革发生在中层

未来 5~10 年，每个人都会拥有自己的 AI 助理，而它会给组织和职场带来巨大的变革。

AI 助理也是一种智能数字同事。在组织中，我们需要学会与智能数字同事一起工作，这些同事会协助我们完成不少任务，这就需要我们在职场建立全新的"人+机器"的行为规范。

未来的发展趋势很明显，我们会让 AI 助理负责较为次要的事务，而我们则专注于更重要或更复杂的问题。那什么是次要的事务，什么是更重要、更复杂的问题呢？

这里就需要我们对组织内部的工作做一番梳理。

AI 正在取代简单重复的劳动。我们看到呼叫中心的工作、企业报销的流程等已经日益智能化和自动化，许多初级的工作岗位也即将被 AI 所取代。接下来会发生什么？

CEO 的工作、高管的工作，并不会有太大变化；基层员工的工作也不会有太多改变，只不过他们的工作速度和工作效率会进一步提升。最主要的组织变革会发生在中层，中层管理者受影响最大。原因很简单，如果中层管理者主要的职能是管理，也就是上情下达、对基层工作进行统计和梳理，那么 AI 可以完美地替代他们。

在数据匮乏、领导对数据的处理能力有限的时代，也就是前数字时代，组织需要大量的管理者。他们是企业内部信息自下而上传递的重要渠道，具有信息筛选和总结的功能；是贯彻企业领导者意图的执行者，承担解释、指导和协调的工作；也是企业内部工作的主要组织者，具有预算和计划的功能。

领导者之所以需要管理者汇报、总结，是因为他处理信息的能力有限，只能抓大放小；之所以需要计划和预算，是因为领导者很难全面掌握企业内部所有情况。当企业变得越来越大时，构建一个官僚组织去搜集和处理信息，制订、执行计划并考核执行情况，汇报、总结企业经营管理的情况，是非常重要的。

AI 和大数据的普及将彻底改变这一状况。

AI 最擅长的事情，恰好也是管理者最擅长的工作：管理、总结、计划、协调。因此，管理者的角色将真正被 AI 颠覆。计划、预算、报告等都是管理举措，也是官僚化的措施。

现在 AI 已经可以帮助知识工作者完成撰写会议通知、制作 PPT（演示文稿）、撰写会议总结等具体的任务。知识工作者已经在利用 AI 的超能力提升自己的计划、总结、提案、报告，因为 AI 在大规模数据处理方面完胜人类。

在每个人都拥有了 AI 助理之后，它会帮助我们计划、协调、沟通，甚至替代我们进行协调与沟通。组织内部存在两种沟通。一种是信息沟通：准备做什么，完成了什么项目。另一种是管理沟通：为什么要做某件事，工作的优先级怎么确定，遇到问题如何解决。

对于信息沟通，职场中每个人都可以依赖 AI 助理，实时、准确地完成，不再需要管理者这个中介。未来，职场中可能出现大量 B2B 的沟通，也就是员工的 AI 助理之间彼此沟通，以理解指令、相互协调、分享信息、了解进度。此外，AI 助理也能成为管理沟通的助手，给我们提出建议，提升我们的沟通效率，让我们有更多时间讨论如何解决问题，如何更高效地推进工作。

此外，数字孪生将进一步推动企业管理的数字化和智能化。

AI 和镜像世界的优势在于，无论是键盘还是其他的输入工具，都可以以某种方式数字化，从而可以被测量和监测。

换句话说，随着我们拥有实时数据、智能分析和 AI 助理，工业时代的所有工具都需要更新、替换和升级。

这意味着，商学院所教授的内容也需要更新，尤其是在工业时代积累的管理培训、会计等领域的知识。更重要的是，商学院也需要转型，培养未来的企业领导者，需要让他们学会如何善用自己的 AI 助理，并且总结出一套 AI 助理管理其他专业 AI 的制度和框架。

组织结构更加扁平、去层级化

就组织而言,组织结构将变得日益扁平化,中层管理者的空间被极大地压缩,汇报、预算、考核的工作都可能由AI承担,因为实时信息的汇总和分析将变得特别容易。一个领导者管理100个人甚至更多人也会变得很容易。

一般而言,向领导者直接汇报的员工不应超过9个人,这是在AI助理出现之前实现最有效沟通的人数上限。正如亚马逊提倡的"两个比萨饼"原则,八九个人的小团队,可以有效沟通、非常好地协作。由于信息沟通工作由AI完成,领导者的AI助理可以与许多AI助理对接,领导者的管理半径将极大拓宽,这将极大地改变组织的结构。

AI助理之间的直接沟通和透明是镜像世界的特征,也将给组织带来巨大变革。B2B不仅会将企业变得更加扁平,也会让同事之间的考评和竞争变得更加普遍。同侪考评将非常容易。大家可以相互竞争,而竞争的结果是非常透明的。大家也可以相互协作,B2B也会让这种协作变得更加普遍。

AI将使绩效更加透明，因为员工的工作表现可以被更加精准地评估和监测。这种透明的监测将进一步加强同事之间的监督和协作。

不同的管理方式可能会出现，也许会有更多的同事间透明管理，因为所有事情都可见、可评估，且AI助理之间可以相互交流。

此外，随着AI助理的普及，未来人们换工作也会更容易、更灵活。我们可以利用AI快速学习和使用新技能，就像电影《黑客帝国》中，主角尼奥和崔妮蒂需要驾驶直升机时，他们只需在几秒钟内下载这项技能，就可以立即使用它。我们未来可能会有类似的情况，AI助理可以随时下载、调用各种新颖的技能。

AI时代的公司形态

从组织内部放眼未来公司和组织的发展，可以肯定的是未来会出现更加多元化的公司形态，而这种多元化会从三个维度展开，分别是大小、松散程度以及项目存续时间的长短。

就企业的大小而言，会出现两大极端趋势。一方面大企业可以变得越来越大，未来甚至有可能出现雇佣人数超过 100 万人的超大型企业；另一方面，一人／两人公司也将变得特别普遍，第一个年销售额超过 10 亿美元的超级个体将很快出现。

AI 将成就企业规模的极端化。它会让全新的协作工具成为可能，让人类可以实现之前无法实现的巨大规模的合作。例如，一个可能需要 100 万人在同一时间共同工作 5 年的项目，在 AI 助理出现之前是很难想象的，因为协调成本太高。但 AI 可以帮助匹配每个岗位的合适人选，实时跟踪，确保每个人完成正确的工作。我们可以在 AI 助理的协助下高效地运行组织，协调所有事务。

同样技术的发展可能使大公司变得更加庞大。AI 的进步将使公司达到我们之前无法想象的规模，同时高效运作，因为 AI 可以掌握公司中的一切信息和操作。

在 AI 的支持下，创业也会变得更加容易。未来 25 年，每个人都有机会开办公司。会出现更多新型的初创公司，这些公司由创新者组成，围绕特定项目在特定时间内合作。

在 AI 时代，我们可能要重新定义何为公司。目前，"一人公司"是自由职业或者个人创业的某种状态。但在 AI 时代，围绕着一个项目让更多有不同技能的"一人公司"有效地组织起来，会成为常态。我们可以将这种形式称为"好莱坞模式"，就好像好莱坞在拍电影时会围绕一个具体的项目聚集一群专业的人，AI 的高效协调和匹配也可以让许多能力超群的人围绕着一个特定的项目聚集在一起。这个项目有固定的时间，例如三五年，完成之后就会解散。未来遇到新项目时，再重新组建。

未来 25 年，AI 助理的普及会推动创建这种生命周期短暂的公司，用以完成某个任务。围绕着项目的合作将变得越来越容易，有限定期限、限定目标的创业公司特别容易产生，也将变得特别普遍，以项目为基础的组织也会更加灵活。

随着更多人创业，以创建世界 500 强企业为目标的创业者会越来越少，一家持续运营 100 年的公司可能会变得非常稀有。企业的半衰期更短，"百年老店"的想法会变得不合时宜。为了应对不确定、非连续、快速变化的市场环境，我们会看到企业的形态更松散灵活，生命周期也更短。

AI无法取代企业家

AI也会给企业管理本身带来改变，它会让短期预测变得准确快捷，但无法取代企业家对长期复杂局势做出分析和判断。

短期预测会变得便宜，而且几乎是免费的，比如预测下个月需要多少产品，预测客户下个月会选择什么颜色的面料。各种诸如此类帮助企业运营的短期预测，都将变得更便宜、更容易、更准确。

然而，长期预测的难度会增加，长期局势的不确定性也会增强。原因在于：一方面技术在长期不断地演进，另一方面企业的长期策略会更加复杂。AI工具是普惠的，人人都能利用，在规划一个企业的长期战略时，我们必须充分了解博弈的复杂程度会随着AI的进步而加强,这意味着长期发展将变得更加不确定、更难预测。

我们经常把商界比喻成战场。思考AI对战争的影响,可以让我们更清晰地理解AI对企业短期战术和长期战略的影响。AI正在被全面应用于战场,它可以给指挥官以全景视角(上帝视角),让不同部队之间的协同变得更容易,也有机会更准确地预测敌人的下一步行动。然而,AI也会让敌人的伪装、欺骗、迷惑作战的能力大大提升。从短期来看,AI有助于拨开"战争迷雾"(Fog of War,指军事行动的参与者身处战场环境时所感受到的不确定性),让我们更清晰地实时了解战场的全局和细节。但从战局演进的角度看,它又让人为制造"战争迷雾"变得更容易,让判断未来的长期发展变得更加困难。

因此,AI并不能取代企业家。一个企业如果需要长期规划,就需要有企业家。因为他们能够做出大胆的预测,可以依据直觉和经验进行判断,对风险会有完全不同的理解,对博弈、竞争对手的心理,也会仔细探究。AI工具可以提供短期的准确预测,也会让优秀的企业家在做长期的战略思考时如虎添翼。

我们可以用一个比喻来理解AI与企业家的差异。企业的发展好像登山。一种情况是面前只有一座高山，登顶之后就能够一览众山小。这时登山有明确的目的，也有具体的方法，在这个过程中可以充分发挥AI的能力。另一种情况是到了山顶才发现自己所登的山并不是最高峰，前面山峦起伏，最高峰在何处尚不清楚，如何抵达更不知道。在第二种情况中，找到最高峰并且登顶，需要进行一番探索，这就需要发挥企业家的特长。

我经常说一句话：生产力是为机器人而设的，而不是为人类而设的。任何有生产力指标的工作，都不应该由人类来完成，未来尤其如此。

人类可以从事那些不注重效率的职业，比如艺术家。没有人会衡量你的产出，计算你一天画了多少幅画，完成了多少个雕塑，或者你的电影时长有多长。艺术本质上是不以高效、高生产率为目标的。它不是可以量化的。科学也一样。基础科学的发展过程中充满了失败的实验。你如果追求生产力，就不会去做实验，除非你知道它会成功。

创新和创业的过程中充满了死胡同，充满了失败，都是非常低效的。而这恰恰是未来人类需要花更多时间去做的事情。

AI 不会取代大多数人的工作

未来 25 年 AI 会不会取代大多数人的工作？答案是否定的。原因有三个。

第一，从历史上来讲，任何技术的变革虽然都会淘汰许多工作，但同时也会创造出足够多的新工作，这一次也会如此。未来 25 年，几乎每个人熟悉的工作内容都会被 AI 取代，但失业的人可能会很少，因为 AI 将会创造出更多人们从未见过的新工作。

第二，我们可以从现在富人从事的工作中找到普通人未来工作的影子，那就是做有意义的事情，帮助其他人。

观察富人现在在做什么是我预测未来的一个重要方法。在美国，过去有一段时间只有富人才会飞去欧洲度假，那被认为是极度奢侈的。现在，普通人也能去欧洲度假。现在，富人经常做的事是做志愿工作或者为非营利组织工作，因为这让他们的生活有意义，他们觉得这很重要。未来，随着社会变得更加富足，大多数人都会衣食无忧，很多人的工作都会朝着这个方向迈进。此外，人类将趋向于从事需要创造力和人际互动的工作，这是AI无法轻易取代的领域。

第三，创办一家初创公司会变得越来越容易。可能会出现这样一种情况，每个人都拥有一家初创公司。未来会有更多的人选择自由职业、自主创业，而不是在大公司中稳定就业。

09

CHAPTER NINE

AI 如何颠覆教育

个性化教育：AI 助教如何改变学习方式

受 AI 发展影响最大的行业，莫过于教育行业了。在未来 25 年，教育变革与 AI 的发展有着极大的相关性。

个性化或因材施教的教育会因为 AI 的普惠而得以普及。个性化教育与个性化医疗、个性化购物等其他个性化的产品和服务一样，都会因为 AI 的无处不在和 AI 能力的不断提升而迅速发展。

在从工业时代向 AI 时代的大转型中，工业时代所形成的、我们早已习以为常的人生三段论——受教育、工作、养老——将被彻底颠覆。如果终身学习成为常态，人人都有高效的 AI 助手，我们就需要重新反思基础教育和高等教育。

AI 的大发展让个性化和定制化服务变得充满想象力，无论是定制化医疗，还是定制化教育。

个性化学习指的是学生能按照自己的学习进度展开学习，并能够在这一过程中得到针对性的辅导，夯实基础知识，还能在自己感兴趣和擅长的领域掌握更多。个性化学习的理想状态是改变工业时代教育"批量化生产"的状态，人尽其才，百花齐放，学生实现多样化发展。

这种个性化的学习原本只有富裕家庭才能做到，因为他们可以花大价钱给自己的孩子请家教。个性化学习的普及符合 AI 时代最基本的逻辑——AI 具有极强的普惠性，它会令普通人享受到今天只有少数富人才能享受的服务。

在 GPT（生成式预训练变换模型）出现之前，个性化学习很难大规模实现，因为一个老师无法给予一个班上三四十个学生同样的关注，也无法让他们以不同的速度在课堂上学习。AI 助教会让个性化辅导成为可能，而且它的能力更全面，成本也会越来越低。

我们可以用可汗学院作为案例来说明这一点。它开发的 AI 助教正在引领教育领域的变革。有趣的是，在这场变革实践中老师受益更多。AI 助教能帮助老师批改作业、阅读论文等等，这就是老师们钟情于它的地方。有老师说，因为 AI 助教，他每晚可以节省几个小时的工作时间。帮助老师定制教案和为场景化教学提出建议也是 AI 助教的长项，而 AI 助教也真正能做到对学生进行一对一的辅导。

可汗学院的尝试，让原本在科幻小说中才有的情节逐渐变成现实。试想一下，如果每位学生都能拥有一位贴心、有耐心、学业精深、循循善诱的 AI 助教，他们的学习体验会发生哪些质变？

镜像世界也会给教育带来巨大的改变。与体验经济一样，体验学习也将是未来学习非常重要的一环，例如可以通过与历史名人的 AI 分身对话来进行学习。VR/AR 已经创建了一种可能性，让学生通过体验来学习，这可以与每个人的学习进度相互衔接。未来知识的获取除了可以通过阅读书本，会更多地来自体验。通过这种方式孩子们可以沉浸式地获取知识。

更重要的是，虽然每个孩子使用 AI 助教的方式会有所不同，但只要 AI 助教变得很普及且很便宜，学生们就会快速掌握这些工具，加快自学的速度。他们学习的进度很快就会超过学校统一安排的课程进度。

AI 助教的出现非常符合我们在第 3 章对 AI 助理的分析。专业 AI 助理将先于通用 AI 助理出现，AI 助教可以说是专业 AI 助理的一个范例。同样，AI 助教也体现了 AI 的普惠性，原本只有少数人才能享受到的个性化学习体验，现在几乎所有人都能够享受了。

而这种个性化学习方式，将给传统教育体系带来巨大的外部冲击：学什么？怎么学？如何考核？在技能学习与认知提升之间如何取舍？这些问题都是未来教育改革需要深入思考的。

未来的中学教育，最重要的是什么

AI 助教的出现和普及在未来 25 年将使全球教育发生本质性的改变，也将对中国在基础教育阶段（甚至在大学阶段）长期存在的应试教育提出非常严峻的挑战和全新的要求。

25年后，我希望一个高中生在毕业的时候掌握的主要技能，不是数学、中文或英文，也不是写作，而是能找到适合自己的最佳学习方法，优化自己的个性化学习方式。一个高中生应该知道自己学习一门语言、学习一项新技能、进入一个全新领域学习的最佳方式。未来每个人的核心技能就是知道自己怎样学习最有效率，找到针对不同学科最有效率的学习方法，因为终身学习在未来25年将成为常态，一个人一生中需要不断学习新事物，学习方法比学到了什么知识更重要。

你如果想知道学习一门语言、学习一项新技能、学习一个新领域的最佳方式是什么，那么在整个高中时期，你需要不断测试，拥抱失败，一点一点地取得进步。例如，上学时你需要睡多久才能精力充沛？你需要多久复习一次？你要自己找出答案！

要找到适合自己的最佳学习方法，你需要在 AI 助教和老师的帮助下，不断进行测试和验证，通过实践和练习，经历失败并从中学习。老师和 AI 助教都能帮助孩子去探索对自己而言最有效的学习方式，给出反馈，推动他们取得进步。

随着 AI 的进步，教育也需要转换重点，培养和强化人的独特之处，简言之就是好奇心、创造力、高效的学习能力以及协作能力，并在此基础上培养人"见树又见林"的全局观和"见终局"的前瞻思维。当 AI 可以顺利地通过各种标准化考试，包括中国的高考时，我们需要想清楚要用什么来衡量教育的成果，用什么来衡量学生的能力。

对此，我非常乐观，因为 AI 会是推动教育改革最重要的助手。如果高考这一形式不变，随着 AI 助教的能力越来越强，会有越来越多的学生探索在 AI 助教的帮助下更加有效地学习知识点的方法，而不是依赖题海战术，学生们也会节约更多时间，这必然会带来更大的改变。

高考改革要考虑的另一维度是市场的需求，如何让教育更适应未来职场的需求？这将涉及高考科目的变化，考试的内容也需要做大幅改变，从考核记忆、标准答案，转为考核能力。而这种能力考核的外延可能更广，比如领导力、冒险精神、团队协作等等。

我并不认为未来25年中国会废除高考。对于高考改革，我想分享我的两条思路。

第一，可以扩展实际考试的内容。我们仍然可以延用高考的标准，但可以调整它考核的内容，让它能更好地测试学生的其他品质、其他才能。对于标准化考试本身，美国大学入学普遍适用的标准化考试SAT（学术能力倾向测验）值得中国高考借鉴。SAT考核的并不是数学、物理、化学的解题能力，它更侧重于学习能力，比如阅读理解、分析、写作与表达的能力，这些能力是知识学习和持续创新的基本功，也是机器无法替代的人的最基本的能力。

第二，可以利用AI来不断调整考试的内容。未来25年，中国社会将发展成为一个非常务实、由数据驱动的社会。所以我建议开展一场为期25年的大胆实验，研究高考入学成绩与在未来职场、生活中获得成功的相关性。如果从现在开始，选择几批大学生，在他们入学、在校学习、毕业找工作、职场发展等各个阶段对他们进行连续跟踪，那么这场实验可以在25年内完成。

而实验的目的就是要分析高考分数的高低与未来多维度人生发展之间的关联度，除了要看他们工作和就业的情况，还要看他们是否能成为成功的公民。

类似的工作，美国也在做。美国大学开始跟踪自己的毕业生步入社会之后的表现，以确定他们的入学分数是否与后来在社会上的成功相关，并根据这些信息调整录取学生时的标准。

AI助教的普及和高考的改革可能会缓解未来家长对"内卷"的焦虑。但它仍然无法缓解另外两方面的焦虑：一是对能否进名校的焦虑，二是对未来职场的焦虑。第一个问题我们会在后文中展开探讨。关于如何化解对未来职场的焦虑，我有以下建议。

现在的父母需要知道，在AI推动持续变革的时代，孩子在未来的职业生涯中将要从事的职业在其高中时可能尚不存在，他们在未来要做的很多事现在甚至还没有被创造出来。所以，家长应该不再抱有孩子将要从事某种工作的期望，也不该替孩子早早就规划好未来发展的路径，他们需要做的事就是培养孩子探索未知的能力。

要想在未来25年在中国教育中培养创新文化，需要做到三点：对失败抱有更宽容的态度，更多地质疑权威，鼓励多元的观点。

培养创新文化，需要形成正确的失败观。接受失败，不仅仅是容忍失败，还是将失败视为成功的手段、前进的方式，克服失败带来的耻辱感，在失败中前行，相信经历失败之后能做得更好。在西方，面对失败和错误，人们的态度会更加宽容，也更容易接受它们。

拥抱多元观点同样很重要，同质化往往会遏制创新。日本缺乏吸引全球人才的手段，在人才方面缺乏多样性，这是阻碍它发展的一个因素。中国的创新必须有"海纳百川"的气势。

未来25年基础教育会发生更多的改变。

人们可以向美国日益流行的家庭学校运动（Home School Movement，即在家由父母或者家庭教师来教授孩子）学习，不仅让学习的进程定制化，而且让学习的时间定制化。我们从来没有思考过为什么学校要有寒假和暑假，其实这是受到了农耕时代工作生活节奏的影响。如果每个学生都可以按照自己的节奏学习（个性化学习），为什么还要一起放假？个性化的意思就是每个人都可以设计和安排自己的时间。到了 2049 年，一些国家的中小学生将可以按照自己的节奏上学，自由安排自己的学习和休假时间。家庭的纽带特别重要，年少时光转瞬即逝，耗费在书山题海之中，本身就不利于人的全面发展。花更多的时间与家人相处，对父母和孩子都大有裨益。

此外，可以进一步拓展间隔年（gap year，也就是欧美流行的高中毕业之后不马上上大学，而是休学一年，去看看世界，在探索世界的过程中发现自己），鼓励孩子在高中毕业之后休息几年，做一些新的尝试，当孩子深刻意识到需要学习什么，想要学习什么的时候，再重返学校。这其实也是回归基础教育的本质——帮助孩子认识到何以为人，找到人生的目标。有了目标之后，高等教育将给予人更多发展的机会和工具。

在未来，自驱力特别重要。目前，无论中美，K-12（从幼儿园到 12 年级）阶段的教育都被填得越来越满，"虎爸虎妈们"把孩子的时间规划得明明白白，但这种教育模式缺乏孩子自己的思考——他们到底想要做什么，他们到底对什么有兴趣、有激情。

AI会给这种被安排的教育带来极大的冲击，因为它会让迅速学习一项技能变得特别容易，AI助理甚至可以随时提供各种所需的技能。但是，AI不能替代的是人们在探索未知世界时的自驱力和方向感。还是以基础教育为例，因为学生需要学习和掌握的知识有着具体的框架，AI助理很容易根据每个学生的情况设计出一条适合他们的学习路径，不必所有人都走同一座"独木桥"。但在进入高等教育领域，展开科学研究，进入职场，或者设计自己的工作和生活时，AI助理只能起辅助作用，人需要自己拿主意、做决定。你可以问AI助理与学习相关的问题，但是如果你让它帮你决定接受哪家公司的聘书、与谁结婚，可能会出大问题。

清楚这一点之后，回到基础教育，我们应该清楚地意识到基础教育培养的是学习方法。如果找不到自驱力，那么在高中毕业时花一年时间出去走走，尤其去贫穷的地方走走，很重要。我高中毕业时并不懂得自己该如何学习，但我是大胆的背包族。在年轻的时候吃点儿苦，到艰苦的地方，住青年旅舍，过每天只有几美元的生活大有好处，一方面可以锻炼自己，另一方面如果未来成了创业者,在遇到困难和挫折时,可以回想一下年轻时吃的苦,也就不会觉得那么难了。

重塑大学的体验

在思考 AI 对高等教育的颠覆之前,我们需要先问一个问题:大学的经历到底意味着什么?答案可以拆分为三大要点:一是名校的光环效应与相应的校友网络,二是大学生活所带来的社交和圈子,三是大学期间的学习。

未来,大学的学习可能是非线性的、高度虚拟化的体验,这将让更多人有机会学习名校的课程。现在许多藤校的课程都已经上线,对所有人免费开放。在镜像世界、AI 助教的加持之下,再加上教授的数字分身可以与人进行一对一的互动,在 25 年内,每个高中毕业生都将可以学习名校的课程。AI 的发展会让更多普通人获得原本只有富豪家庭或者拔尖儿学生才能享受到的名校课程体验。

AI会把来自哈佛、牛津、斯坦福等不同大学的课程组合成鸡尾酒一样丰富的搭配。到2049年，会有越来越多的大学向从未踏进校园、通过远程学习、获得AI辅助的学生授予学位。如果一名学生已经习惯了在高中时在AI助教的帮助下通过在线课程完成大量学习，那么他即使不去大学校园也一定可以攻读某个专业的学位。

当然，很多人会说上名校重要的是社交，是加入校友网络，享受名校的光环效应。就社交而言，如果学生在高中时就已经习惯了各种AI工具，他们很可能会把学习和社交切割开。在家教育孩子的家长就很注意这一点，知道同龄人之间的社交是无法替代的，他们会联合起来组织活动，让在家学习的孩子有机会和同龄人交朋友，一起玩耍。

这意味着到了大学，社交和学习也完全可以分开。未来可以把在线课程和社交完全分开，学生可以为了社交而在校园里待一段时间，但不需要待满4年。有效的社交也不一定要在校园里进行，镜像世界会创造出全新的可能性。

名校的光环和校友网络的价值也可能随着时间的推移而削减。

最后我还要强调一下未来大学学习的"非线性"特点。非线性简单而言就是不连贯。未来的大学学习也可能是不连贯的，学生可能会因为工作、尝试新事物和关注点的转移而中断它，这没什么大不了的。在未来的某个时点，能力而不是学历将能更好地凸显出一个人的特点。学历的价值也可能降低，一个人在年轻时参加了什么活动，并在这一过程中展现出什么样的能力特点，可能更重要。

这就引发了未来大学教育会被如何颠覆的深度思考。

一种是创建新的知名高等教育品牌，提供与众不同的体验。比如全球知名的公司或机构都可能会跨界创办自己的高等教育项目。如果谷歌、亚马逊或世界经济论坛（达沃斯）设立某个高等教育项目，邀请企业高管和全球名人授课，通过镜像世界让学生身临其境地进行学习，一定会有极大的吸引力。想象一下，OpenAI 创始人山姆·奥尔特曼创办的大学开设的课程。平时，奥尔特曼通过数字分身向学生开展一对一教学，一年会有两次线下课程，学生会聚在一起，听大咖现场讲课。

未来 25 年内还可能出现一种全新的大学——结果导向的大学。这种大学对担心未来就业前景的家长和学生来说是福音，它能保证学生毕业后可以找到一份不错的工作，如果做不到，它就会退还学费。这种大学并不是大公司开办的职业培训班。它之所以能保证提供工作岗位，是因为它在教学的过程中会不断地测试学生，按照工作岗位的需求不断塑造他们，而且可以实现毕业生与用人岗位的高度匹配。这样的大学有点儿像猎头，将企业未来的需求与有潜力的学生提前匹配好。

就中国而言，因为未来中国可能面临少子化的问题，每年入学的学生将会越来越少，招生的压力会成为中国大学改革的动力。大学需要通过各种手段来吸引学生。为了保证中国大学都能够招到学生，中国未来甚至会从其他国家"进口"学生。而吸引全球的学生到中国的大学来学习，需要持续的开放和创新。

10

CHAPTER TEN

AI 如何颠覆医疗

10

CHAPTER

量化自身：AI 如何推动定制化医疗

AI 也将深刻影响医疗的未来，这需要我们从三方面来理解。

第一，定制化是未来，镜像世界所带来的数字孪生将推动定制化医疗的大发展。定制化医疗基于个性化数据，所以构建每个人的数字孪生在未来有巨大的发展前景。这当然不只是通过可穿戴设备来监测和积累一个人的生理指标，对一个人的器官做模拟，甚至模拟药物和手术产生的效果，都将是未来定制化医疗的重要环节。我将这一发展定义为"量化自身"（quantified self）。

第二，医疗行业整体的发展需要海量的数据，与基因技术的发展结合起来，会产生巨大的效果（我们会在下一章对此进行更深入的分析）。

第三，AI赋能将在医药研发过程中带来更快、更新的突破。定制化医疗的推广也需要整个医疗体系的改革，比如对全球推崇的FDA（美国食品药品监督管理局）临床试验做出重大改革。

量化自身是定制化医疗的基础。每个人都希望时刻追踪自己的身体指标，量化自身就是通过各种方式，包括可穿戴设备和其他检测设备，搜集一个人的各种健康指标。这样做的好处是，它可以为每个人建立一个健康基准：对你来说，哪些指标是"正常"的？这是定制化医疗服务的基础，因为每个个体都不同，实时追踪身体状况并积累历史数据要比一年一次的检查更重要。

未来25年会出现3D药丸机器：它的作用是将不同的药物成分放入一个胶囊中，为每个病人制造定制化药物。机器会根据每个人的具体情况，根据量化自身的结果分配适量的药物。但为了做到这一点，你必须用某种方式来持续评估药物的效果，这也是量化自身的作用所在。

量化自身也是在个人健康领域打造"数字孪生"的基础。在未来的 25 年里,我们将首次模拟人体,特别是模拟新陈代谢的过程。对代谢过程的模拟会最早实现,包括对代谢周期和代谢网络的模拟。对整个代谢过程的模拟在加速关于肥胖和糖尿病的研究和实验进度方面意义重大。随着人口老龄化加剧,肥胖和糖尿病正成为全球面临的最主要的健康问题之一。

理解代谢需要我们对肠道有更深入的了解。人们近来越来越重视肠道。肠道被称为"第二大脑",拥有仅次于大脑的庞大神经元网络,所以实际上你确实在"用肠道思考"(gut feeling,多指直觉或本能反应,直译过来就是肠道感觉)。微生物群的研究是当下的前沿领域。未来 25 年,我们开始对肠道菌群进行全面的基因测序,这将是继人体基因测序之后的又一大进步。如果我们能够对一个人的肠道菌群进行基因测序,我们对新陈代谢的理解将会进一步加深。

在这一领域内的突破之所以会更快,是因为病毒和细菌的生长速度非常快,生命周期非常短。疫苗和病毒在慢性疾病中的作用可能比我们想象的要大得多。

AI虽然会带来巨大的进步,但我们不能盲目乐观,需要对人体这一复杂系统保持敬畏,也需要对医疗的进步保有耐心。

比如,未来25年人类并不能治愈癌症,因为癌症是一个"动词"。

我们总会用一些量化的指标来理解医疗的发展,比如说"治愈癌症"。1996年,华裔科学家何大一因为发明了治疗艾滋病的"鸡尾酒疗法"而登上《时代》杂志的封面,这让人们对医疗的进步颇为乐观,认为距离治愈癌症已经不远了。

这种乐观情绪实际上意味着人们低估了生命体的复杂。和糖尿病等慢性病相比,癌症其实是一个要复杂得多的病症,除了基本特征——细胞的无序野蛮生长,每种癌症,甚至每一个人的癌症,都各不相同。

之所以将癌症视为一种动词,而不是名词,是因为它代表着一种正在进行的过程。人类的生长激素、生长因子、寿命或干细胞与癌症之间存在着巨大关联。当我们试图增强某些能力时,要付出的代价就是增加患癌的概率,比如我们在尝试延长寿命的同时也可能增加细胞无序生长的概率。

你不可能真正"治愈"癌症,只能与之共存并对其加以管理。每个人的身体都在不停地"消除"异常细胞。这可能是未来25年癌症治疗的方向。

全民基因测序:中国在生命科学中的领先机会

如果说量化自身是健康管理的未来,那么构建覆盖全民的医疗信息大数据库则是推动整体医疗改革的大方向。未来25年,中国在这一领域应该会走在全世界前列,如果还能辅之以全民基因测序库(我们在后文中会更加详细地讨论),将为医疗行业带来巨大的改变。

什么是全民医疗信息大数据库?每个人都会有一个数字医疗记录,涵盖每次的体检结果、医疗程序、干预措施等。这些信息不仅会供你的医生使用,还会向研究人员开放。它们将被纳入公共资源,为全社会的利益服务。秉持信息透明和互见性的原则,每个人都可以访问这些信息,并对可能存在的错误加以修正。

全民医疗信息大数据库最重要的作用是培养 AI 医生。未来 25 年中国应大规模推广 AI 医生和远程医疗。

现有医疗体系最大的问题是病人与医生的沟通严重不足。在医院，一名医生花在与每名病人沟通上的时间不足 5 分钟。AI 医生的普及会让医生和病人可以就病情进行充分的沟通。AI 医生可以 24 小时在线，没有任何时间限制。未来的 AI 医生也将拥有人类的情商，不像人类医生，连续看完 10 多个病人之后就已经没有多少共情的能力了。此外，因为"量化自身"的普及，AI 医生可以实时获取你的完整医疗记录（数字分身），并且记录下你们之间的所有交流，这些都是人类医生所无法比拟的优势。

AI 医生作为与患者沟通的入口，也可以成为人类医生的助手，在完成充分的沟通之后将关于病人的病情总结和分析提交给人类医生，帮助人类医生做出最终的诊断。这将使医生的工作效率明显提升，病人的就医体验也会大大改善。

远程医疗则将彻底改变中国医疗资源分布不均的现状，缩小城乡医疗差距，让所有人都可以在足不出户的情况下获得高质量的医疗服务。

我们依然可以把富人现在享受的服务作为例子来理解未来。我在美国旧金山湾区认识一位儿科医生,他拥有100多名高端用户。这位医生问诊的费用不菲,但保证24小时随叫随到。而对这些用户来说,这位医生最大的作用其实并不是能够及时上门看病,而是可以与他们随时电话沟通,远程诊断孩子的病情。不难发现,对大多数人而言,可以随时随地与经验丰富的医生远程沟通其实是他们最强烈的需求,AI将满足这一需求,惠及所有人。

远程医疗不再是次优选择,而将是大多数人的优先选择。随着AI医生的能力提升,在大多数远程医疗的就诊过程中,人们会首先与AI医生互动,并从中获得所需的90%的医疗服务。人类医生也会使用AI助手协助诊断。

中国拥有巨大的规模优势,可以利用全民医疗信息大数据库提供精准医疗,通过远程医疗,让每个人都获得更好的医疗服务。

中国未来面临的另一大问题是老龄化加速。2024年中国居民的平均年龄为 38.8 岁，25 年后这一数字将会上升到 49 岁。量化自身、全民医疗信息大数据库和远程医疗的普及，对于解决老龄化问题、提升中国的医疗和养老水平至关重要。

医疗助理与制药的未来

如果 AI 医生的能力逐步提升，未来医生这一职业会发生怎样的变化？25 年后的中国，老龄化的问题会更加严峻，对医疗服务的需求也会更高。这就需要我们思考如何改变医生的培养体制，而医生可能是培养耗时最长的职业了。

很多医生的教育水平过高。我建议培养更多的医疗助理，他们的培训周期要短得多，可以与 AI 医生一起处理医疗问题，而不必经过一名普通医生完整的教育历程。

对医疗助理的需求会越来越多。例如，社区医疗目前应对老龄化的一个主要方式就是，每周派一名医疗社工到老人家里探望，了解情况，这些社工并不需要具备最好的医疗教育背景。

再举一个例子，你可以在几周内培训一名医疗助理完成白内障手术。他们可能会越来越出色，因为这是一项非常标准的操作，熟能生巧。当然，手术机器人的能力也会极大提升。在25年内，我们将拥有能够比今天任何人类医生都更好的进行髋关节置换的手术机器人。

当AI医生、远程医疗变得越来越普及时，更多的医疗助理可以满足因老龄化日益加剧而产生的医疗需求，操作有标准流程的小手术，打破医生不足的局面。

在制药领域，我们需要优化传统的药品研发过程。

我们需要制定关于发布药物研发失败数据的法律或法规。在现在的药物研发体系中，一款新药的开发成本平均为10亿美元，有大量药物并不能够完整走完三期临床试验，获得FDA的审批。但这些失败药物的具体数据很少公布，我们需要立法改变这一点。不管由于什么原因药物研发失败了，制药公司应该公布具体的数据，因为这些数据对于药物的研发和定制化医疗都具有巨大的公共价值。

当然，这么做更重要的原因是，那些无法通过大规模临床试验要求的药物可能会对某些特定病人有效。药物研发失败的主要原因是药物对大多数参与试验的人没有药效，但这并不意味着它对某些特定个体无效。AI可以用来匹配潜在药物与特定病人，前提就是药物测试的数据是公开透明的。

共享数据和发布实验失败的数据可以提高科学研究的质量。非常复杂的实验，无论是科学实验、医疗实验，还是社会学实验，都需要在实验开始之前就公布它们的假设、测量方法和其他相关内容。这能减少选择性汇报的情况，防止研究人员在整个过程中筛选对自己有利的数据。

虽然我对医疗改革的前景非常乐观，但我认为我们仍需要理解医疗行业的复杂度。未来25年，定制医疗不会广泛普及，因为要做到这一点必须了解每个人的基因数据，这可能还需要几代人的努力，至少要在完成大范围的基因测序后才会实现。

11

CHAPTER ELEVEN

机器人爆发——从工厂到家庭

人形机器人的未来：现实与梦想

未来 25 年，机器人、自动驾驶、太空探险、生命科学和脑机接口五大领域将实现大爆发。

机器人是 AI 技术的重要载体，被视为 AI 技术向物理世界延伸的重要桥梁，也将是未来在物理世界中与人频繁互动的机器。在我们对未来的想象中，机器人将大规模地取代人类。在工厂中，机器人已经日渐普及。但这种机器人大多数仍然是固定在特定工位，完成特定工作的工业机器人。未来 25 年，机器人必然发展迅猛，其中最令人着迷的是人形机器人。

我们对机器人的发展要有耐心，AI 进步的速度要大大快于机器人适应物理世界的速度。在虚拟世界中迭代的速度比在真实世界中解决各种问题的速度要更快,机器人的发展速度会比我们预期的慢。举一个例子,在虚拟世界中迭代算力的速度比在真实世界中提升电池容量的速度要快得多。

随着机器人的进步,工厂将被重塑。在未来25年内,雇用几十万人的富士康工厂将成为过去时。无人值守的工厂,即人们通常所说的"黑灯工厂",将变得普及。便宜灵巧的机器人将彻底取代技能平凡的普通工人。未来工厂的发展方向是让机器拥有学习新技能的能力。

25年后,仍然会有许多蓝领工作需要由人来完成,而且他们的工资可能更高,尤其是在发达国家。典型的蓝领包括水管工和建筑装修工人,他们从事的都是非标准的、有一定技术含量又兼具服务性的工作,这类工作短期内无法被机器取代。

人形机器人会在三个领域实现大发展。

工程学的发展让机器人能够更适应物理世界。物理世界是一个奇怪的、变化的、充满意想不到情况的、缺乏条理的世界,与人类塑造的数字世界,或者训练AI

常用的结构化的世界很不一样。而机器在应对物理世界时，需要具备极大的灵巧度，比如机械手在抓取各种不同的物体时，从杯子、桃子到鸡蛋，需要具备恰到好处的感知度和力量，否则就会失败。

机器人拥有人类所不具备的特性——网联性。物联网的发展意味着机器人不是在单打独斗，它可以让机器人更好地协同，也能让它们有效地运用云端的智慧。未来的联网机器人将结合云端计算与边缘计算，这会带来巨大的生产力提升。云端计算是云端大脑的超级运算，边缘计算则是机器人本身具备的计算能力，两者结合最典型的代表就是未来的自动驾驶汽车。

具身智能（EAI）是AI的一个重要赛道，机器人是AI与真实世界交互的桥梁，也是训练AI更像人的辅助工具之一。换句话说，人形机器人在人的世界中练习与人自主互动，这种经验也在帮助AI进步。让机器人在现实世界中观察人的行为，并从中学习，会是未来AI发展的一条重要路径。

我们之所以钟情于人形机器人，主要原因是我们会经常与它们交流互动。我们希望生活中有与我们自己的身体大小相符、适应我们自己的生活空间、让我们感到舒适的机器人。

但人形机器人的开发面临两个方面的挑战,一个是工程学方面的挑战,另一个是 AI 方面的挑战。解决 AI 方面的挑战的速度会比解决工程学方面的挑战的速度快得多,因为机器人的发展还面临不少实际的、需要不断克服的困难。

电源是人形机器人面临的第一个问题。机器人的能耗——无论是计算所需要的能耗,还是机器人行动所需要的能耗——都超乎想象。人移动的能耗平均大概是 0.25 马力,而机器人移动的能耗约为 6.8 马力,这还不包括 AI 运算所需要的能耗。到现在为止仍然没有一个能够在不充电或不更换电池情况下持续工作一天以上的人形机器人。

电池的发展基本上遵循摩尔定律。但按照目前电池技术线性发展的情况,很快就会遇到很大的瓶颈,即随着电池的容量越来越大,能量密度越来越高,安全隐患也将增大,发生火灾甚至爆炸的风险会越来越高,甚至到未来的某个时间点我们可能不得不限制电池的容量,这也将限制机器人的活动范围。

当然，在城市的交通干道上铺设非接触式输电设施，或在建筑／家里设置远程充电设施，让人形机器人可以随时无线充电，或许是一个解决方案，但这需要我们在安全和便捷度等许多方面有所突破。此外，可能会出现混合动力机器人，它们身上既装有电池组件又配有充电式电动机组件，可以协同工作，也可以独立运作。在有的场景中，机器人可能还需要更大的电力，这就需要基础设施方面的改革。推动整个世界更深层的电气化是机器人普及的前提。

人形机器人面临的第二个问题其实是机器的通病，即损耗。人和动物都有非常好的自我修复机制和非常精巧的能量补给机制，但机器人没有。机器人的零部件会出现损耗，需要不断地去检查、维修、更新换代。机器人后市场，即机器人的零部件市场或售后、维修市场，未来可能是一个巨大的增长市场，也会创造不少就业的机会。

简言之，机器人电池耗电速度会非常快，损耗速度也会十分惊人。以人类的速度、准确度和安全性来衡量,让人形机器人长时间工作非常具有挑战性,而且它们很快就会磨损。人形机器人的设计会非常复杂,当它在灵巧性方面接近人类时,它会不断地磨损和损坏,所以维护成本可能非常高。人体有着自我修复的机制,机器却需要不断调试和修理。结构越是复杂,这种修理的要求就越专业,成本也就越高。

因此,机械物理的发展速度不会像 AI 的发展速度那样快。要真正开发出可使用的人形机器人,还需要 10 年的时间。

工业机器人与无人工厂:制造业的巨变

相比之下,工厂里工业机器人的发展会更快。未来 10 年人类将会拥有 2 亿台机器人,而其中的大多数机器人都不会是人形机器人。

目前工厂中使用机器人面临两方面的制约。一方面是智能程度还不够高,无法像人类那样迅速学会新技能,适应新流程。另一方面是它们的灵活度和灵巧程度还不够高。灵活度不高一直是机器人替代劳动密集型装配线的主要障碍。至于灵巧程度，它们到现在仍无法像人类的手指那样完成特别精密的制造工作。

未来，工业机器人和人形机器人都将有巨大的突破。随着 AI，特别是具身智能的发展，机器可以更快地向人学习。一种路径是由人来演示需要完成的工作，机器人观察人的行为，然后学习如何去做。这种通过模仿来快速学习的能力能够让机器人快速地转换工作。

机器人尚未广泛进入工厂的另一个原因是人类特别擅长灵活地转换工作，而机器人则无法做到这一点。随着 AI 的发展，机器人也将拥有更高的灵活度。未来 5~8 年内，灵活的机器人将被广泛地应用在工厂中。

机器人的广泛应用也会改变未来工厂的模样，工厂将会变得更加灵活。而且因为机器人具备网联性，只要一台机器人快速学会制造新产品，这一技能就可以更新上传到装配线上的所有机器人中。如果它们真的能够拥有人类手指的灵活性，装配过程可能就会彻底改变。这就意味着，未来 25 年内，工厂将完全被机器人接管，它们可以组装 iPhone（苹果手机）或其他精密的电子产品。这些机器人基本上是灵巧的手指和敏锐的眼睛的组合，可以用螺栓固定在生产线上并接入电源。这样的机器人不需要四处走动和导航的能力，但是可以灵巧地抓取物品和使用工具。当然，如果精密电子产品的装配工厂能被机器人取代，那么成衣和鞋子等更多劳动密集型的产业只会更早被机器人替代。这一切的前提是机器人的成本变得更低。

除了工厂，大多数仓库和需要装载货物的地方，也会有各种各样的可替代人类的机器人。当然，机器人装卸货物所需的能量巨大，不太可能依赖电池，需要通过外接电源获得动力。此外，为了保证安全，它们可能仍然需要被固定。这也就意味着装卸机器人的机动性会比较差。

机器人如何改变蓝领工作

那是不是意味着工人就会被取代了呢？未来 25 年还有许多工作需要人来主导，比如建造工厂、维修机器人。未来 25 年，机器人还不会聪明到可以检测、维修和安装机器人，这些将仍然是工厂里工人的工作。

机器人的采购费用只是机器人使用成本的一小部分，一旦大量机器人被采用，就需要在维护上花费更多的钱。企业懂得这一点，只要使用机器人的总成本下降，效率提升，就有普及的可能。因此机器人在工厂的普及要远远快于人形机器人在家庭的普及。相比之下，短期内人形机器人的耐用性和使用寿命可能并不理想，而维护成本则比较高，更不用说它的智能水平到底能达到什么层级，这些因素都会放慢它进入家庭的速度。

当然，随着人形机器人进入家庭，也会出现一个全新的职业——人形机器人修理员。他会定期造访家庭，更换坏的零部件，或者将有故障的机器人带回商店修理。

为什么机器人仍然取代不了许多工作岗位上的人类，尤其是从事非标工作的蓝领？因为机器人在现实世界中的适应性在未来 25 年内仍然比不上人类。未来 25 年在欧美发达国家，蓝领、低技能的工作会反过来成为高薪工作。任何与建筑、维护或修理相关的工作都不容易实现自动化。从事这些工作的人可以使用 AI 和 VR 工具更好地完成工作。这些职业包括机械师、泥瓦匠、木匠、混凝土工、裁缝、电力线路安装工、铺装工等。

人形机器人是否能够在大健康与护理领域替代人类？以 25 年的时间尺度来看，仍然难以判断，因为要处理任何不完全属于日常工作范畴的事情、要面对复杂生活场景的事情，都需要在工作中具备适应性，这对机器人来说仍然是难题。

12

CHAPTER TWELVE

自动驾驶与车内第三空间

自动驾驶的渐进式发展

受到关注更多的 AI 与机器结合的领域无疑是自动驾驶。自动驾驶的未来是什么样的?过去 10 年自动驾驶的进步似乎远远落后于我们的想象。AI 的进步会大力推动自动驾驶的进步与普及吗?进步与普及其实是紧密联系在一起的,自动驾驶必须进步到一定程度,我们才可能去讨论普及的问题。

和从燃油车向电动车转型一样,向自动驾驶的转型也是一个过程,而且这个过程可能比我们想象的要长。

从燃油车向电动车的转型是渐进式的。未来 25 年,电动车将占所有社会车辆的 60%~70%,仍有 25%~30%

的车辆使用汽油。中国将成为未来汽车制造的主导者，全球最棒的电动车制造商也许会在中国出现，它将远远超过特斯拉。未来之所以仍然有 30% 的燃油车存在，是因为仍会有许多特殊需求。

同样，自动驾驶在 25 年间不会给城市面貌带来本质上的改变。这也是我过去一贯坚持的观点：技术会给物理世界带来改变，但所需的时间要比我们预想的更长。

很多人认为随着自动驾驶和车联网的普及，交通和道路都将很快发生本质上的变化，比如不再需要分道线，道路会变得更窄，大量的停车场也将被翻修成其他场所，城市本身会因为自动驾驶发生翻天覆地的变化。我们该给这种想法泼泼冷水，变化不会那么快。在许多自动驾驶改变城市的设想中，随着自动驾驶技术的成熟和普及，出行的问题将以大规模共享的方式来解决，我也不认为这是自动驾驶的未来。

我要特别提醒大家，不要总想着颠覆，应该花更多时间去思考合作和共存，同时要考虑到各国城市基础设施的差异性。美国是一个极度依赖汽车的国度，中国和其他大多数发达国家的大城市，公共交通基础设施要完备得多。未来更有可能的情况是自动驾驶将与既有的公共交通体系相配合。

我认为，当我们真正达到L4级以上的自动驾驶要求之后（L4级自动驾驶是指在特定环境和条件下，车辆能够完全自主地完成驾驶任务并监控驾驶环境，无需人类驾驶员的干预），各种自动驾驶的车辆才会迅猛增加。大城市里的自动驾驶客舱（self-driving pods），将成为一条火爆的赛道，它将与地铁、公交等公共交通方式结合，形成高效的混合交通模式。自动驾驶客舱的爆炸式增长会与2016年之后中国出现的共享单车的爆炸式增长类似。通过这种更加智能的客舱，人们在出行过程中将可以实现不同交通工具的无缝衔接。

想象力需要建立在真正的技术突破的基础之上。在自动驾驶普及之后，车辆作为第三空间的价值才会被真正开发。

为什么苹果屡屡放弃下场造车？很多人都不理解。因为成熟的自动驾驶是把汽车空间变成娱乐空间的必要条件——与自动驾驶技术本身相比，苹果更关心如何为把车内作为家和工作场所之外的"第三空间"的用户提供产品和服务。苹果2014年开启自动驾驶项目时，就选择了取消方向盘的极端设计方案。很多人认为苹果当时不切实际，过于冒进，走了弯路。

但苹果的逻辑没有错，取消方向盘才是把车内空间作为第三空间构建的开始。从这一视角看苹果的战略选择，不难发现它的一个重要假设，即在自动驾驶真正成熟前，大多数汽车的使用场景仍然是人驾驶车辆，完成出行的目的，这时候更多的娱乐和互动只会带来各种扰乱注意力的安全隐患。只有当自动驾驶彻底解放了乘车人的注意力，车内不再有包括方向盘在内的各种驾驶操控装置时，才能开始构建车内的第三空间。

车内第三空间：移动的办公室与娱乐中心

未来25年，随着自动驾驶的普及，车内空间会如何发展，这给了我们巨大的想象空间。

因为自动驾驶高度依赖带宽，车内的移动空间将拥有天然的网联优势，可以很轻易地改装成移动的娱乐中心、移动的办公室，人们从中甚至可以得到比居家更有趣的体验。镜像世界会给自动驾驶车辆带来一系列全新的变化，车里的每一块玻璃——挡风玻璃、车窗玻璃、车顶玻璃——都将成为展示屏。

未来车内空间很可能超越电影院成为最重要的影音消费场景。

影音硬件自不必说，用户可以在车内获得独特的观影体验，更重要的是定制化、个性化的观影体验。用户也可以在镜像世界中创造出属于自己的电影，或者更准确地说是属于自己的沉浸式影音体验。

此外，未来 AR/VR+3D 等沉浸式技术将可以把使用车内空间的体验改造成类似乘坐迪士尼乐园的游乐设施那样的体验，这也将迫使迪士尼乐园这样的娱乐性公园做出改变，它们需要与家庭/第三空间的娱乐项目竞争，创造出更加独特的、虚拟与现实结合的体验。

未来出行：共享 vs 私人定制

　　因为车内不再需要任何与驾驶相关的装置，车辆本身和车内空间将拥有更大的可塑性。你可以将车内空间打造成移动的家、移动的客厅、移动的办公室。想象一下一个人或者一家人在路上，追逐变换的季节和美丽的风景，同时能够远程工作、远程学习。在未来全新的学习与工作模式方面，自动驾驶与镜像世界带来了更多的自由度和个性化。

　　商业领域内的创新可能会推动真正的汽车旅馆出现，它就像移动的房间，载着客人从一个城市移动到另一个城市。

　　和大多数人不同，我不认为自动驾驶车辆将是共享的，我认为自动驾驶真正解放了车内空间，它将是私密性较高的第三空间。许多人想要拥有自动驾驶车辆，一方面是为了隐私性，希望在享受独特的体验时，不必与别人分享空间，另一方面是因为第三空间有着巨大的可定制性与可塑性。

　　自动驾驶普及之后，是不是就再也不用考驾照了？

答案也是否定的。随着自动驾驶的普及，开车会成为一种特权，需要花很多钱才能够获得许可证，驾照也将变成奢侈品，因为大多数人不需要开车了，也失去了开车的兴趣，而且那时会对驾驶者提出更高的要求。

13

CHAPTER THIRTEEN

太空竞赛——下一个太空世纪的开启

月球基地与火星探险：中美太空竞赛

太空是人类持续探索的新边疆，航天领域也是未来大国博弈最重要的领域之一，因为它是工程制造能力、创新力与探索精神的综合演练场。未来25年，中国可能率先成为登陆火星的国家。更有趣的是，下一个太空世纪很可能在中美两个大国以及万亿美元的超级公司三方之间展开，而马斯克的SpaceX（太空探索技术公司）很有可能成为中美政府之外的第三极。

对于政府去往火星的太空冒险，常规的准备工作是在月球或者近地轨道建设火星基地，为火星旅行训练相关人员、准备物资。除此之外，准备工作也涉及率先运送大量物资到火星，包括回程的物资。如果能在太空生产火箭燃料，对火星探险将提供巨大帮助。

人类有可能在 5 年之内在月球上建设永久基地，中国可能在 2029 年实现载人登月，并开始考虑在月球上设置基地。在月球上建设基地对于推动太空旅行和殖民火星具有重要意义，也能帮助我们为星际旅行做各方面的准备。

在月球永久基地可以开展一系列重要的研究工作，涵盖生命科学研究、太空医疗探索与实践、能源开采与制造等多个维度，目的都是为星际旅行和殖民火星做准备。

生命科学领域可以开展在月球上繁殖小动物的实验。月球的重力只有地球的 1/6，不像地球有大气层的保护，所以其环境要恶劣得多。未来 25 年人类不可能在太空生育下一代，但有可能尝试在月球上繁殖动物。在低重力水平下的太空繁殖将具有极大的开拓性。我很好奇，首只在外太空繁殖的动物，到底是实验室里的小白鼠，还是人类携带到月球的宠物？

我们也可以在月球基地探索太空医疗实践。在月球上开展 AI+ 医疗的实验非常必要。月球距离地球不远，如果出现紧急的医疗问题，月球上的人类可以通过远程医疗与地球的医生连线解决问题，甚至进行远程手术。火星太过遥远，光是信息往返就需要 20 多分钟，远程医疗将完全失效。面对紧急医疗情况，人们必须依赖 AI 医生以及手术机器人——太空探险团队中虽然会有医生，但不太可能样样精通。

在月球基地还可以进行多方面的医疗试验。比如通过量化自身所需要的实时医疗传感器，及时了解身处太空的人的健康信息，毕竟在太空，医疗资源有限，防护会成为刚需。在这一过程中，我们不仅可以搜集大量的个人医疗信息，也可能创造出全新的可穿戴医疗器械。与医疗健康信息相关的数字孪生可能会在身处太空的人类身上最早实现。

与星际旅行最相关的莫过于关于能源的实验，毕竟月球基地需要稳定的可再生能源，而建设月球基地的一个重要目的就是为飞向火星提供能源。

在月球上，大约半个月的时间会被太阳光照射，另外半个月的时间处于黑暗中,极度寒冷,这就需要整个月球基地有比较强的清洁能源生产和储备的能力。我预测未来会在月球基地进行一系列清洁能源的实验。因为月球基地的一切都是电力驱动的,所以电池储能会被广泛应用。另一种可能是在地球上建设微型的核电站,发射到月球基地运行。微型核电站和储能实验很可能会对未来应对全球变暖具备参考价值。

月球基地还可以用于研制新材料和发展太空制造。一些极其精密的技术可能会受益于月球真空和低重力环境,可以想象 25 年后,在月球上可能建成制造卫星的设施。

在月球上还有可能在低重力/零重力和真空状态下完成采矿作业。不过,在太空环境中采矿会面临许多地球上根本不需要考虑的新问题。比如在真空条件下,要如何应对采矿所产生的尘土?在地球采矿会用到大量的水,太空中没有水,水也起不到任何作用,该如何创新?当然,太空采矿将完全机械化,这也会催生出全新的机器人应用场景。

在月球上尝试采矿可以为人类未来在小行星开矿积

累经验。小行星上蕴含着各种在地球上稀有的金属，很多人畅想太空采矿可能带来巨大商机。对此我没有那么乐观。在未来 25 年内，人类有可能第一次登陆地球附近的小行星，有可能会完成一次太空采矿的尝试，但那只是做可行性研究，因为太空采矿的成本过高。开采完的矿石如何加工、如何运输，都是难题。

太空经济的未来：从旅游到太空制造

人类会在未来 25 年内登陆火星，并在那里建立一个类似南极科考站或国际空间站的科学考察站，甚至有 6~7 位专业人士在那里轮流居住。但我并不认为马斯克殖民火星的梦想在 25 年内能够实现，我认为届时火星上不会设立永久性的研究站，也不会有人在那里长期定居。

未来 25 年的太空竞赛将聚焦火星，围绕谁能率先登陆火星展开。与上一次太空竞赛不同，这次太空竞赛可能在中国、美国和一家私营企业（如马斯克或贝佐斯的企业）之间展开。

太空竞赛是一场考验资金实力和勇气的竞赛，任何具有万亿美元市值的公司所有者或运营者都有可能参与这场竞赛。SpaceX 作为估值超过千亿美元的"巨无霸"，背后还有全球首富马斯克的疯狂推动，的确可能成为太空竞赛的主要选手之一。亚马逊也不容小觑。马斯克和贝佐斯都是出了名的"太空控"，他们在 2021 年就为争夺谁是私人载人航天领域的第一人而展开了激烈的竞争，未来也可能在登陆火星的竞赛中尽力角逐。

要在登陆火星的太空竞赛中获胜主要靠意愿和资金，同时也需要一定程度的创新，中国完全有能力进行这种创新。而且，如果中国在美国或者 SpaceX 之前抵达火星，其影响力将是巨大的，不仅会极大提升中国的地位，彰显中国的实力，对马斯克来说也将是巨大的打击。

当然，马斯克如果想要占得先机，很可能剑走偏锋，兜售去火星的单程票，为了帮助人类拓展新边疆，开启"自杀式"行动，只负责登陆，不管返程。这样就不需要事先运送大量补给了，可以从地球直接发射星舰。

但我们决不能低估探索火星的难度和危险程度。在正常情况下，很可能会有人在这一过程中丧生，就好像登月的阿波罗计划曾经发生过事故一样。如果 SpaceX 的宇航员因为马斯克过于冒险而丧生，那么他很可能会备受打击，这将使计划受阻。

当然，当一个灾难性事故发生之后，太空竞赛的参与者或许会觉得应该共同努力，而不是简单地继续竞争。在未来的太空探索中，马斯克很可能会遭遇挫折，中国也可能会遭遇失败，然后他们或许可以联合起来探索火星。这种国际合作也许是最好的选择，因为探索火星的成本可能高达一万亿美元，可能没有任何一方拥有足够的资金来独立完成这项任务。

下一个太空世纪与冷战时期美苏的太空竞赛有什么区别？第一个登陆火星当然是无与伦比的成就，但耗费的资源将是阿波罗计划的几十倍甚至上百倍。阻碍太空探索进一步发展的并不是技术，而是经济实力。

既然有私人企业参与太空竞赛，那么思考这些企业如何为太空冒险积累足够的资金就是值得的。

很多人认为太空旅游或许是一项选择。以太空经济的商业价值分析来看，贝佐斯的"蓝色起源"公司并不能依靠太空旅游来筹措足够的资金。未来太空旅游与登珠峰、去南极一样，一定会是小众项目，每年会有一两万人参与，即使每位太空游客平均支付 20 万美元，最多也就是四五十亿美元的市场规模，不太可能形成支撑太空探险的经济规模。别忘了，当镜像世界普及之后，第一视角乘坐"蓝色起源"的火箭沉浸式体验穿越距离地球 100 公里的卡门线将变得不再稀奇。

从商业价值来看，近地轨道，也就是卫星和通信，仍将是私人航天领域中最赚钱的领域。马斯克的星链将为全球提供全覆盖的卫星通信就是很好的例子。星链利用近地轨道卫星网络，提供高速互联网连接。目前星链已经发射了约 7 000 颗小卫星。它也已经拥有了 300 万以上的付费用户，他们在未来将为 SpaceX 提供充沛的现金流。

全球化使数据在各地传输，监测地面、测量事物都变得日益重要，而人类在利用近地空间进行通信、监测和观测方面仍处于起步阶段。因此，未来的需求足以推动这一产业的大发展，会有更多玩家加入，制造更多火箭并将更多卫星送入近地轨道。

未来25年，近地轨道周围将有成千上万颗卫星在监控一切。这些卫星也将成为镜像世界互联互通重要的基础设施。当然它们也会带来全新挑战，因为现在近地轨道已经非常拥挤了，所以未来25年还会出现一个全新产业——太空垃圾清理。

另一个有潜力的领域是近地轨道的太空工业，即尝试在近地轨道建造大型工厂，然后将产品送回地球，或者在近地轨道建造发电站，尝试核聚变研究，并通过微波或其他形式将能量传回地球。但未来25年，太空制造和太空发电仍将处于尝试阶段，我估计还无法全面实现。

机器人 vs 人类：谁更适合星际旅行

如果登陆火星成功，人类是否会开启星际旅行？答案是否定的。除非人类掌握了接近光速的太空旅行技术，不然走出太阳系的星际旅行应当交给机器人来完成。原因很简单，人类不适合在太空中生存，脱离了地球的保护，人类在太空中太过脆弱。没有光速旅行的技术突破，星际旅行对人类而言将是漫长而危险的。

相反，随着 AI 的进步，机器人更适合长距离太空旅行。在未来，我们应该利用机器人来完成星际旅行的任务。这些机器人可以有像我们的眼睛、耳朵等一样敏锐的感官，而且不会受到辐射的影响。未来的星际旅行将不再依赖有机体，而是依靠探测器，因为这样的太空探险之旅将是漫长的。未来 25 年，我们会发射越来越多的探测器到太空中去。如此一来，人类对宇宙的认知会更加深入。

我本人对太空探险并不感兴趣，也不愿意去太空中生活。我深信，人类要完成星际旅行，最好的方式是让机器人去完成，然后借助镜像世界的沉浸式体验参与其中。但像库布里克的电影《2001：太空漫游》中的哈尔那样有着自我意志和想法的 AI 在 25 年内还不会出现。除了火星，人类不会开启更远的太空旅程，而 AI 也不会发展到拥有自由意志的地步。

14

CHAPTER ▪ FOURTEEN

生命科学——
解码百岁人生
的未来蓝图

AI 推动的三大永生路径

AI 所推动和赋能的医疗改革的关键点是什么？答案是生命科学的大发展，也是许多人现在不断提到的"百岁人生"，或者"长寿逃逸速度"。一些前瞻者甚至预言，AI 推动的生命科学发展不仅能让当代人活到百岁，甚至可能使人获得某种程度的永生。

在这些人的预测中，超越百岁甚至实现永生有三条路径。

第一，替换衰退的器官。器官移植是一个非常重要的领域，2022 年世界首例转基因猪心移植手术成功被誉为该领域的一大突破，病人在移植手术完成后又存活了几个月。利用 3D 打印技术制造人造器官，在动物体内培育人类器官，都是未来可能的发展路径。

第二，理解细胞本身的运作规律，在细胞层面使人返老还童。人类的胚胎细胞和干细胞中就隐藏着这种返老还童的能力，如何避免细胞在经历许多次分裂之后衰竭，也是从根本上延缓衰老甚至逆龄抗衰时要考虑的重要问题。

第三，克隆人、脑机接口、上载新生等新技术。

对于这一系列发展的畅想，我的回答是我们需要对科学的发展，尤其是与我们自身息息相关的生命科学的发展抱有敬畏之心，我们需要理解生命科学的发展要比我们想象的慢很多，也复杂得多，我们也需要将有坚实基础的科学与信马由缰的科幻分清楚，只有建立在坚实基础上的科学才可能在 25 年内带来突破。

我需要提醒大家，我们应该明白，看清楚未来并不意味着我们构想的未来马上就能发生，目标很明确并不意味着你可以很快达成结果。在生命科学领域尤其如此，我们需要有耐心。我们可以非常清楚地看到生物学的发展方向，但我们不应将其解读为即将发生的事情，因为生物学非常复杂且进展缓慢。

我们能对有机体进行深入研究的原因是科学家已经在这个领域工作了 10~15 年。生命科学中的实验遵循生命本身的时间尺度，所以你可能需要 25 年才能看到你实验的结果。我们的知识仍然不够充分，我们掌握的数据也远远不够，在很多方面我们仍然很无知。实验结果往往不是明确的，还涉及大量的试错过程。

全民基因测序：中国领跑健康大数据时代

在生命科学领域，基因测序的价值非常重要。量化自身，即每个人都拥有一个关于自己健康的历史数据集和实时更新的数据库。如果没有基因测序，量化自身不可能实现。基因的差异决定了一个人罹患某种病症的概率，也会导致不同人对同一药物的反应不同。同样，全民医疗信息大数据库如果没有全民基因测序大数据库，也是不完整的。

要充分发挥人类基因组测序的全部价值，还需要 25

年的时间。在未来 25 年内，人类基因测序将普及，而中国有可能成为全球第一个构建全民基因测序大数据库的国家。

基因测序对个人而言意义重大。你会知道自己患上某些疾病的可能性，并会得到如何改善健康的建议，未来可能还会有根据基因特点预防特定疾病的药物。此外，每个人都会拥有一张基因图谱，这有助于获得基于大数据的健康和营养建议。随着年龄的增长，各种常见病和慢性病都可能出现，尽早拥有个人的基因图谱，对于预防疾病和改善健康至关重要，当然也能大幅节约医疗成本。

构建全民基因测序大数据库的意义更加非凡。如果每个人在出生时都能进行基因测序，并与他们的数字医疗记录相关联，全国就将拥有一个巨大的基因库。研究人员可以据此进行大量的相关性研究，推动生命科学各个领域的发展，取得我们难以想象的成果。

中国如果实现了全民基因测序，理论上就可能在医学科研方面保持巨大的领先优势。涵盖超过 10 亿人基因测序的全民医疗信息大数据库将成为极其宝贵的资源，能够推动各种创新，使中国远超其他国家。

我认为中国可以考虑尽快在每一个新生儿出生时就自动完成基因测序，建立个人"量化自身"的健康档案，并与个人的医疗记录相关联。所有医疗记录，包括手术记录，全部数字化。这样，经过25年的发展，中国就将建成医疗大数据库。在充分保护好个人隐私、对医疗大数据进行匿名处理的前提下，研究人员借助这一数据库，将取得意想不到的突破。

基因测序到底能带来哪些突破？我们可以看看下面这个基因测序与定制化药物开发的例子。

90%的在研药物最终会被叫停或淘汰，是因为它们对某些人产生了不良反应，或者平均而言，它们的药效对于参与测试的人并不明显。但很多时候，这些药物对特定人群更有效。如果我们可以通过基因来区分哪些人会出现不良反应，在哪些人身上药效会更明显，那些投入数亿美元开发但最终被叫停的药物，就可以重新发挥作用，成为定制化医疗药品库中的一种。

我们如果能够区分这些情况，就可以给一些创新药找到拥有特定基因特征的病人，真正做到药物与病人的匹配，这对制药行业和病人而言都是巨大的福音。药厂可以根据病人的基因图谱和病史,开发出高度定制、专门为个人设计的药物。这种药物不需要对所有人都有效,它只需对特定的人群有效即可。一旦这些信息被关联起来,它们在治疗中的价值将变得非常大。除了国家推动,保险公司也会大力推动基因测序,并会为人们的基因测序买单。

在第10章对医疗行业的分析中,我就特别提到制药行业开发一款新药的成本动辄超过10亿美元,主要原因就是通过三期临床试验的药物比例并不高。大量药物在临床试验中被淘汰,因为人们无法证明这些药物的药效具有统计学意义。量化自身的数字医疗档案的普及,基因测序的普及和全民医疗大数据库的建立,将彻底改变传统双盲测试,让更多药物在精准医疗和个性化医疗中得到应用。

基因编辑:重塑生命的可能与边界

最近10年,基因领域最重要的显学是通过"上帝的手术刀"CRISPR进行基因编辑。

基因编辑的原理如下：如果对胚胎做基因测序，发现一些致病的基因，采用基因编辑技术剪出这些基因，就能确保孩子出生之后健康成长，不再罹患致病基因导致的病症。再进一步，我们如果在胚胎里增加一些可以增强体质的基因，就可以让孩子拥有更加强健的身体。比如你希望自己的孩子未来能够成为长跑健将，在胚胎里增加一些强化心肺能力、耐力和腿部肌肉的基因，他出生后可能就会成为长跑健将。

对人体进行基因编辑之前，我们需要对科学伦理达成基本的共识。现在达成的一种基本共识是，我们不要做造物主。原因很简单，我们懂的比我们自己想象的要少得多。虽然我们可以编辑某种基因，但这种编辑可能恰恰是我们无知的表现之一。实际的问题要复杂得多，并不是所有的特征（病症和能力）都可以找到对应的单一基因。大多数特征是多态的，这意味着它们有多个相关基因，而我们现在尚未充分理解这些基因的组合及其相关性。

还有一点也很重要。一组基因并不只拥有一种功能。比如黑人中常见的异常血红蛋白基因可能导致红细胞变成镰刀状，诱发贫血症，但携带这一基因却能帮助人体抵御疟疾。同样，一组在人类青少年成长时期可能贡献巨大的基因，在人类进入衰老阶段之后又可能导致某种疾病。基因比我们想象的要复杂得多，我们现在的理解只是皮毛。

比起基因编辑，我们可以做胚胎选择，即基于胚胎的基因测序，选择你想要的胚胎。唐氏筛查就是一种简单的胚胎选择。但因为基因的复杂性，未来25年，通过基因测序筛选胎儿不会有太大的发展，这需要几代人的实验。未来25年，人们也许能够在胚胎中删除特定的致病基因。但要添加强大的基因，比如会让人更聪明、更强壮、更有韧性的基因，还有很长的路要走。同样，未来25年我们会创造出更多帮助早产儿成长的仪器，但不会有真正的人造子宫。

未来25年，我们会看到富人推动基因编辑技术发展的尝试。富豪阶层会是基因编辑的拥趸，因为基因编辑的费用会非常高，他们优先拿到了入场券。

未来的富人可能都会普遍拥有经过基因编辑的外

貌，就好像不少有钱人都会有在海滩上晒成古铜色的肌肤。更贴切地说，他们的外貌更像医美后的结果。拥有这种经过基因编辑的外貌将是富人用来炫耀自己财富的一种方式——"因为我支付得起"。

此外，未来25年，寿命的延长也会是人们炫富的一种主要方式，而且是真正能实现"60岁是新的30岁"的那种健康长寿，也就是拥有高质量的生命。许多人也会对此孜孜以求。

但我们距离永生还很远，富人也不可能通过克隆自己来获得永生，因为他们会发现克隆人根本不像自己，毕竟基因只是塑造一个人的一方面，生活和成长的环境同样重要。克隆技术的运用会循序渐进，在克隆人之前，人类会克隆宠物——现在已经有很多富人选择克隆自己的宠物了。

AI会加速生物科学的发展。AI在生物学中将变得重要的原因之一，是它能让我们跳过理解某些事物的步骤，帮我们"知其然"，而不必马上"知其所以然"。大语言模型的特点是，它们可以让我们在不完全理解的情况下应用某事物。我们不需要实际了解蛋白质是如何工作的，我们只需知道如何生成某种蛋白质，这也是为什么帮助人类了解蛋白质 3D 结构的 AI 工具 AlphaFold 那么重要，会赢得 2024 年诺贝尔化学奖。

其实人类在理解生物学时一直会跳过一些理解步骤，在知其所以然之前，知其然也很重要。我们可以继续使用 AI 来引导我们在生命科学领域取得进步。

AI 加速器：生物医药研发的新动力

AI 可以从三个不同方面加速生物医药领域的发展。

AI 可以提升药物筛选的质量，也就是说，AI 可以帮人们从既有的药材/原料中找到有潜力的分子配方，包括在正在实验的药物中搜寻它们的其他疗效（如人们在研发治疗心血管疾病的药物时意外发明了治疗男性勃起功能障碍的万艾可）。无论是研究机构还是药厂都在构建大型数据库，波士顿的博德研究所（Broad Institute）拥有涵盖超过 100 万个分子信息的数据库。AI 可以更有效地对这些数据进行排序。

AI的助力主要体现在两方面。一方面是在筛选的时候替代人力，更快地筛选出有潜力的药品。这有点儿像棒球队选队员，从上述数据库中一层一层地测试和"选拔"有潜力的分子配方。另一方面则是通过机器学习，筛选出药物的相关信息，找出有效的分子结构，然后找到更多类似的药物，或者直接制药。

不过，我们对于AI的助力不能过于乐观。任何与药物、人体发展相关的研究，都不太可能速成，因为AI还无法代替临床试验，仍然有太多原因会导致一种药物研发失败。用人体的数字孪生完全替代真实的人体，完成临床试验，还要花不少时间。

人造器官：为何科技突破比想象更慢

为什么人造器官的发展比我们想象的要慢？在我看来，我们得先做好人造肉，才能向前一步去研究如何制造器官。现在许多人都对干细胞非常感兴趣，希望能通过激活干细胞来培养人体器官。对此我们要有耐心，我们会在用它们制造可移植的器官之前,先用它们制造人造肉,从人造牛肉开始。

最大的挑战仍然是速度问题。人们已经在有机体这个领域研究了 10~15 年。这是一个非常缓慢的学习过程,真的很难加快速度。所有生物领域的进展都将更加缓慢。

我们的方向是正确的,但需要更多时间。我们可以非常清楚地看到生物学的发展方向,但我们不应该认为极具突破性的成果会很快出现,因为这个过程复杂且缓慢。我们对某些事情的了解仍然不足,事实上我们还有很多无知的地方,还会犯很多错误,需要进行更多的尝试。

15

CHAPTER ▪ FIFTEEN

脑机接口——
人机共生的
未来

侵入式 vs 非侵入式：脑机接口的双轨竞赛

马斯克的脑机接口开启了另一种人机协作的未来。与镜像世界相比，脑机接口有可能是更为前沿的人与机器相互连接的方式，也可能会提供实现人与人之间"心灵感应"的机会。

但同样，在分析脑机接口的时候，我们需要非常清楚什么是科学，什么是科幻。简言之，科学是在已有研究支持的基础上带来的应用突破，科幻则仍然充满了想象，没有明确的技术突破甚至理论突破作为依托。

在未来 25 年，头戴的非侵入式脑机接口可能会很常见，马斯克创立的 Neuralink 公司所推崇的侵入式脑机接口则有待生物学与芯片技术的结合，也就是俗称的碳基和硅基跨界研究的结合。而对于那些鼓吹"百岁人生不是梦""我们可能很快就能实现'上载新生'"的人，我们需要负责任地提醒他们，上载新生仍然是科学幻想，在100年内都不可能实现。

此外，人们还需要深刻理解不同技术路径之间的竞争。比如，作为一种人机互动的方式，镜像世界通过XR让人进入虚拟世界，或者在真实世界中叠加信息。从技术路径上看，这是可行得多的一条路，也已经有了长达20年的技术积累。相比之下，真正意义上的脑机接口则是革命性的，因为它可以超越人类的视觉感官，让我们一下子进入类似电影《黑客帝国》的世界，但是其所需要的技术要复杂、不确定得多，很难在25年的技术竞争中实现。

脑机接口的终极想象

脑机接口能带来的好处毋庸置疑，在我们已经可以帮助残疾人更好地行动之后，人机互动的时代将真正开启，人类将不再需要通过外设——无论是人体自身的外设，比如眼睛、耳朵和嘴巴，还是计算机的外设，比如鼠标、键盘和屏幕——来与计算机沟通，甚至能通过计算机 / 云端与其他人沟通。

一个简单的应用场景是作家或记者将不再需要通过键盘打字或语音输入来创作，只要心里想到了要写什么，就可以通过脑机接口让计算机写出来。再进一步，在更为玄妙的未来中可能会出现真正的心灵感应，朋友之间不再需要语言的交流，我在想什么，同样连接着脑机接口另一端的他马上就能知道。语言是人类发明的，把我们的所思所想用声音和符号传达出来，但在传达的过程中也对我们的所思所想进行了删减和压缩。未来的心灵感应将让人类有机会第一次不再依赖语言来传递更丰富的想法与情感。

脑机接口未来的发展还将面临一系列需要不断被攻克的难题。

要获得侵入式脑机接口仍然需要动手术植入芯片，这种方式并不友好，会给人带来风险。现在植入的芯片有效期可能只有一年，因为人体会有各种排异反应，随着时间的推移，芯片的信号可能会逐渐衰微。除非材料科学发生巨大的进步，否则每年动一次手术更换芯片的做法并不现实。当然，作为碳基和硅基的交互界面，硅基硬件与"湿件"（人脑）有没有更好的对接方式，也非常值得探究。

要使芯片准确地检视大脑传递的电波信息，仍然需要大量的数据和训练。指挥肢体运动的信息相对简单，传达复杂内容和情感的信息则复杂得多。所以，芯片不仅要能获取电波，还要能够比较准确地检视并解读电波。

这一领域未来的研究方向将是一方面通过更多的植入实验搜集更多脑电波信息，另一方面利用海量信息来训练芯片，让它们能更准确地解读人的脑电波信号。

现在 Neuralink 的实验已经实现了芯片捕捉大脑的信号，转而指挥失能的身体。但机器何时能够解读复杂信号，并且作为中间渠道将这些复杂信号转化为人类大脑能够理解的东西，真正实现人与人之间的心灵感应？现在看来，我们距离这一目标还很遥远。

解码大脑：信号捕捉与双向交流的挑战

恰恰因为在大脑中植入芯片仍然会面临各种困难和问题，脑机接口在未来25年仍然会主要在医疗市场得到应用。一开始人们会给有脊髓损伤的人植入芯片，帮助四肢麻痹的人恢复对肢体的控制。当这些应用变得更加成熟之后，脑机接口才会开始被用于治疗不那么严重的疾病。

植入式芯片也可能在未来25年迎来新突破。人造耳蜗就是非常成熟的植入式医疗装置，未来植入式芯片也可能会发展得像人造耳蜗那样成熟，整个植入的流程也会变得更安全、更便捷。

未来，脑机接口仍然会有技术路线方面的竞争。相较于侵入式（需要通过手术在大脑中植入芯片），非侵入式头戴脑机接口要更简单，使用者戴上特制的头盔就可以成功连接。

相较于侵入式脑机接口，非侵入式头戴脑机接口的发展可能更快。比如现在就有一些新技术尝试使用红外线光读取脑电波。使用者只需要戴上特制帽子，帽子就能通过穿过头骨的红外线读取脑电波。在 25 年内，有可能出现这种比较成熟的脑机帽子，戴上它，机器就能读取你的想法。如果能够通过光将信息传递回大脑，你就拥有了一个使用红外线与大脑进行双向通信的接口，这种突破显然会比侵入式脑机芯片更容易被接受。

　　侵入式和非侵入式头戴脑机接口的竞争还不止于此。我们对大脑的认知仍然非常少，AI 的发展有助于我们搜集海量的信息，更好地理解脑电波。

　　在解码脑电波信号领域，AI 语言模型的发展会进一步加速。谁能获得更多脑电波数据，谁就可能获得大发展。相较于侵入式脑机接口，非侵入式头戴脑机接口很可能会让更多人愿意使用。当有足够多的人使用足够长时间的头戴脑机接口时，人们就可以搜集足够的训练数据来训练 AI。相较于侵入式脑机接口，头戴脑机接口捕捉的脑信号可能会更模糊，但如果能获得海量的数据，AI 仍然能很好地解读它们。

　　还有一些重要的应用场景，也很适合使用头戴脑机接口。比如在开车时，你虽然需要思考，但不需要使用语言。因此，可能存在各种我们与机器交互的场景，在有些场景中，我们不需要语言的精确性，只是在模糊的感觉中思考。

未来 25 年，我们可以通过头戴脑机接口，远距离驾驶无人机或操作其他种类的机械或机器人，在危险的场景下以这种"心灵感应"的方式进行通信。

通感领域的研究也可能取得巨大的突破。比如，对于失聪或者失明的人，能否通过增强其他感知来使其获得某种补偿，如让聋哑人或盲人通过感受皮肤的震动来听或看？AI 在这一领域恰恰可以帮助增强感知信号。

"心灵感应"则是真正在"开脑洞"，因为那是介于科学发展和科幻小说之间的领域。相比说出或输入"香蕉"这个词，我们能更快地想象一根香蕉，如果能迅速投射出来，实现一种超越语言的沟通，那就属于心灵感应了。

完全通过类似心灵感应的方式进行沟通，我认为随着时间的推移，是完全有可能实现的。但我不确定这是否能在 25 年内实现，因为如果可行，我们现在应该已经有很多这样的实例了。

确实有一些早期的实例。比如，我就曾经尝试过一种方法，通过用思维控制计算机来玩游戏。但是目前这种方法可应用的场景仍然非常有限，但在 25 年内有可能获得巨大突破。

此外，心灵感应的脑机接口设备会非常昂贵，一开始可能只有游戏玩家、残疾人、战斗机飞行员或需要额外毫秒反应时间的人群会使用它们。

从昆虫大脑到分布式智能

对于大脑的研究远不止脑机接口这一个领域。更为重要的领域是对大脑本身的理解。我们对大脑的理解仍然很肤浅，比如我们还不知道大脑如何处理记忆。

如何对大脑进行建模值得所有人关注。我认为，就像费曼所说的那样，凡是我们不能创造的东西，我们就无法真正理解。我们要通过试着制造大脑来学习大脑的运行规则。所以为大脑建模、复制大脑非常重要，这将教会我们很多东西，但需要很长时间。

现在科学家已经完成了对昆虫大脑的建模，第一次拥有了昆虫大脑的"地图"。这是极大的突破,但在神经学意义上,我们距离理解人脑还很远。那么25年后在大脑研究领域我们能够期待些什么?

我们将继续尝试用计算机模拟模型,用神经元来模拟昆虫的大脑,看看我们能否模拟出昆虫级别的思考。AI在这方面会给我们很大的帮助。头戴脑机接口的帽子也将被证明是一个非常有用的研究工具,就像MRI(磁共振成像)和CT(计算机断层扫描)对于了解脑损伤等非常有帮助一样。如果我们有更好的显微镜来观察大脑,我们就能取得更多的进展。

对昆虫和其他生物大脑的研究也有助于我们更好地去训练机器。不少昆虫和动物身上大脑之外的地方长有非常大的神经元集群。这些神经元集群可以独立控制一些基本的运动和生理功能。也就是说,昆虫具有相对分散的神经系统。对昆虫这一特征的研究有助于我们更好地去推动边缘计算的发展。在机器人领域,对于行走和复杂的运动,或许通过创建分散的神经系统来实现更容易。

此外,关于分布式思考的研究可以应用于汽车、机器人和飞机等各个领域。可以想象一下，有一些小的、模拟度更高的、更像昆虫的分布式神经系统的技术在未来会带来巨大的改变。

分布式神经系统在大型工厂和复杂机器的运行中可以发挥重要作用。并不是所有搜集的信息都需要回到主计算机来处理。机械臂上的小芯片处理相机搜集的图像信息，回路会非常快。这种分布式计算可能会催生更多在大型工厂和机器中使用的边缘计算芯片。

相比之下，我们距离上载新生还很遥远。我们不可能一步跨越到"上载"大脑，马斯克所渴望的人机合体，甚至将人的意识上载到云端，实现永生，仍将是科幻小说里才有的情节，距离实现恐怕至少要100年的时间。

畅想完高科技领域的发展与前景，我们需要拉回到现实——一个地缘政治日益复杂和大国博弈日益激烈的现实。想象一下，我们要如何构建一个中美在高科技领域既保持竞争，又持续合作共赢的未来？我将在下一章讨论。

16

CHAPTER SIXTEEN

2049——一个更加乐观的未来

中美高科技博弈：从竞争到合作

未来 25 年最大的变数莫过于全球化的前景，而中美高科技博弈将成为中美在各个领域内竞争的主线。本书创作的初衷不仅是展望未来，也是希望推动创造一个更加乐观的未来。

要创造这个更加乐观的未来，必须改变一些过去几年形成的"固有的观念"，仔细思考中美之间在相互竞争之外，到底存在哪些重要的互补之处。

首先需要改变的观念就是中国会一直在高科技领域被"卡脖子"。在 25 年内，其他国家无法阻止中国制造出最先进的芯片，因为这是一个工程问题。也许在接下来的 10 年里,"卡脖子"的问题会拉开中美在高科技领域的差距,但我并不完全相信在未来 25 年的时间跨度中科技封锁会成功。

做出这样的判断主要出于两方面的原因。

全球化有全球化的规律,其中最重要的特点就是全球消费者会有更多的选择。如果全球有多种来源可以制造优秀的产品,对每个人来说都有更大的益处。只有一家企业垄断生产并不是理想的情况。

中美各自有相对优势。中国的优势在于制造,而美国的优势在于突破性的创新。无论现在发生了什么,未来 25 年内,中国都将有能力制造出与世界上任何地方生产的优质汽车同样好的汽车,在芯片、AI 等领域也是如此。

在预测一个相对乐观的未来之前,我们需要对中美竞争可能会出现的三种不同的可能做一个简单的推演。

第一种可能是,未来 25 年内世界保持现状,中美之间演化出一种"亦敌亦友"的关系。在这种情况下,中美双方的技术水平都处于最高水平,并在各个领域展开激烈的竞争。中美将像冷战时期的美苏那样在包括军事领域在内的各个领域展开新一轮的竞争。但出于技术等原因，世界运作的方式可能会导致中美虽然在许多领域非常对立，在其他领域却仍然保持深度耦合，相互依赖而不会脱钩，最终形成一种新的"友敌"（frenemy）关系。

这种可能性的变体类似于糟糕的婚姻。在这种情况之下，中美很像已经反目的夫妻，但为了孩子却不愿意离婚。他们可能彼此不喜欢，也不完全信任对方，但为了利益和后代，仍然选择维持这段婚姻。在这种情况下，虽然竞争是中美关系的主线，但双方还会保留一定程度的信任，足以维持其在某些领域的合作，但不足以使其在其他方面展开全面合作。双方相互依赖，甚至到了想"离婚"但又无法分开的地步，双方都在一些方面做出了妥协或者付出了某种代价。

千万不要忽略中美之间的相互依赖。中国离不开美国，因为出口仍然是中国经济最主要的驱动引擎之一，而美国是全世界最大的海外市场之一。美国也无法离开中国，因为三点：中国庞大的消费市场、应用领域内的不断创新（比如在移动支付领域），以及中国制造的不断升级。但需要警惕的是，与不信任的人合作是非常困难的。所以勉强维持的"婚姻"并不是一个稳定的状态，双方最终很可能会"离婚"。

和所有不幸的婚姻一样，中美的这宗不幸的"婚姻"也会有第三者，而印度就很可能是美国堂而皇之地与其"调情"的那个。

第二种可能是，中国迅速崛起，掌握了创新的秘诀，找到了在容忍失败和质疑权威之间取得平衡的方法，还可能在 AI 领域超越美国。在这种情况下，中国将完成载人登月，并率先登陆火星，制造出能发挥更大作用的量子计算机。这将给美国带来毁灭性的心理打击。在前文中我已经详细描述了中美在航天领域展开激烈竞争的可能性。AI 和太空可以说是中美未来高科技竞争最引人注目的战场。

如果中国超越了美国，对美国来说，失去其作为全球经济主导者、规则制定者和"世界警察"的地位将是非常痛苦的。这将是一个巨大的打击，而"特朗普现象"就是这种痛苦和缺乏自信的体现。如果中国真的迅速崛起，完成载人登月和率先登陆火星的壮举，我们会看到比现在更为极端的特朗普式的狂热反应。

第三种可能是，中美之间完全脱钩。如果这种情况出现，一系列重大问题都需要解决：中国是否能继续走创新的道路，并开始生产新技术产品？全球制造业的格局将会如何变化？如果双方停止技术交流，形成两个平行的数字世界、两套独立的系统，高科技产品被彻底禁运，许多跨国公司撤出中国，世界工厂被搬迁到印度尼西亚、越南、印度和墨西哥，世界会变成什么样子？

在这种情况下，有一点可以肯定，即美国可能会与印度建立全新的、深入的合作关系，会将所有先进技术和芯片等都交给印度。

将这一话题延伸下去，我认为还需要问两个更加深入的问题。

如果中国无法获取西方的技术和市场，中国能够真正取得成功吗？中国是否能够在完全脱钩的情况下取得成功？换句话说，西方发达国家之外的世界市场（即广义的全球南方市场）是否足以支撑中国的崛起？如果不能，那中国就不太可能选择完全脱钩。

中国可能会在西方发达国家之外的世界市场中尝试

一下，成为南方国家的主要供应商。全球南方市场加上中国自身不断增长的内部市场，或许足以消化中国制造业的产能，但这并不是一个理想的局面。

在没有美国技术或美国市场的情况下，中国能否成为全球第一大经济体？在中美技术脱钩的情况下，在VR世界、镜像世界或元宇宙世界中，中国是否仍能成为具有主导地位的制造商和规则制定者？

AI与镜像世界的全球格局

在讨论中美未来互动模式时，AI是一个绕不过去的话题。有人会用美国与苏联的核竞赛来比喻中美之间的AI竞赛。中美之间可能会出现一场AI竞赛，两国的AI企业将都可以获得国家资助。

但我们要强调核武器与AI有两点本质上的区别。

一是有限应用与广泛应用之间的区别。制造和使用核武器只有一个目的，消灭对方，而且很可能在这一过程中让整个地球毁灭。所以核武器竞赛的价值只在于威吓，谁都不希望也不愿意见到有人使用核武器。AI则不同，它虽然在军事方面有着巨大的应用空间，但作为一项通用目的技术，它会影响经济和社会的方方面面。

二是有形与无形之间的区别。核武器的制造是有形的，掌握核武器相关知识和技能的人有限。AI是无形的，与AI相关的知识和技术大多数是开放的、开源的，鼓励人们相互合作。

这两点就决定了美苏在核武器上的竞争是完全排他的竞争，而中美在AI领域的竞赛却不需要排他，而是一场为每个人制造好产品的竞赛。

AI的进步也将推动我们去思考镜像世界会是什么样子。过去25年，尽管各国对于互联网的监管各不相同，但互联网只有一个，全世界都使用同样的代码。作为下一代互联网的镜像世界会延续这一趋势吗？

未来中美AI竞争很可能出现的情况是一种技术、两套系统，即双方共享先进的AI，但在共享AI技术的基础上发展出非常不同的系统。这一预测基于我对中美AI领域竞争的大判断。我认为中美竞争的结果是训练出更好的AI，为所有人所用，所以AI不会产生分支。

只有在 AI 无处不在，而且价格低廉的情况下，镜像世界才能实现大发展，因为镜像世界本质上是一个 AI 驱动的世界。

未来全球镜像世界会发展成什么样子？我认为会有三种可能性。

第一种是全球主义场景。在这个场景下，全球所有人都共享同一个镜像世界。这是一个统一的全球化世界，大家使用相同的技术和平台，充分互联互通。

第二种是中国参与但保持独特性。中国将参与全球镜像世界标准的制定，并在基础设施层面与全球共享技术和标准。但消费者层面，特别是镜像世界中消费者互动的部分，将由中国主导，展现出强烈的中国特色。不过，这种情况并不意味着中国与美国切断联系，二者之间依然会有互动和合作。

第三种是中国独立发展的场景。在这个场景下，中国会创建自己的镜像世界，这一系统不一定与其他系统兼容。换句话说，中国的镜像世界将独立发展。也不排除有其他国家加入中国独立发展的镜像世界。

冷战时苏联的历史仍然值得警惕。因为西方世界的技术封锁，苏联做了大量重复的研究，在许多领域不得不依赖自己的创造和发明，但整个过程并不高效，几十年下来技术就大幅落后了。

中美如何推动互信

我对未来25年中美互动的乐观预测基于一个前提，那就是中美会努力增强互信。从美国视角来看，中美之间最大的挑战是缺乏信任。理解缺乏信任的原因，需要从理解美国自身的心态出发，知己知彼。中美两国都需要仔细思考美国的想法。

特朗普是美国不自信的表征，而不是原因。美国自己感受到了自身的脆弱，觉得自己已经不够强了，要争取恢复其强权地位。经济上的挑战、实力上的挑战，仍然是美国人最在意的。我们必须承认一点，美国不能想象自己被超越、不再是世界第一，哪怕取代它的是日本。美国害怕失去作为世界主导力量的地位。虽然20世纪90年代美日之间也有着激烈的贸易纷争，但美国对日本的依赖并不严重。相比之下，美国对中国的依赖程度比任何时候对日本的依赖程度都要深，美国与中国之间的联结也更难解开。

理解了这一点，我们就需要思考下一个重要的问题：世界上有让美国感到舒适，并将其作为平等的伙伴的国家吗？

对许多美国人而言，放弃世界统治者、规则制定者、"世界警察"等角色将成为创伤性事件。这将给美国带来巨大的打击。所以，如果中国迅速崛起，真的像当年美国登月一样，率先登陆火星，我认为更多特朗普式的民粹主义会因此而抬头。

从美国自身来讲，最重要的依然是经济。美国需要让下一代保持乐观，让他们相信虽然工作将会改变，但未来会更好，生活成本将会降低，各种创新的结果是创造出更多好的职位，人们也将能够轻松找到工作。

中美之间信任度的降低与新冠疫情期间人员交流骤减也有关系。所以恢复民间多层次的交往是增进中美互信的关键之一。

方法有很多，最重要的是要回到"酷元素"，"酷"

能够帮助中国的内容产业收获全球观众。美国之所以信任韩国，觉得韩国有一定的亲和力，部分原因就在于美国人通过韩国出口的文化内容看到了那里的人们，看到了那里的事物。

二战中和二战后美国人对日本的仇恨很深，亲历过二战的我的父辈就是如此。但到我这一代，几乎每个人都了解并喜欢上了日本文化，部分原因是日本在出口漫画、游戏和消费电子类商品方面取得的成功。所以如果中国也能擅长出口文化和产品，对于消除两国之间的不信任将产生极大的帮助。

在制造方面，中国与日本有很强的相似性。我这一代从来没有认为苏联酷过，因为苏联在商品制造方面乏善可陈，没有一个全球品牌。

增进民间交往的一个重要渠道就是将更多创造自中国的内容出口到美国。未来 25 年将会有更多源自中国的艺术、文化和音乐进入美国，而 AI 翻译的无处不在与简单易行也将一再减少文化沟通的障碍。

此外，中国制造需要增强酷元素，比如制造出最好的电动汽车、最棒的 VR 眼镜。同时，中国也需要推动文化产品的出口，无论是音乐、VR 游戏、科幻故事还是奇幻故事，因为这些是普通人关注的东西，会影响他们的心灵，让他们为之感动。游戏《黑神话：悟空》的爆火证明了中国的游戏公司有能力制作出令人惊叹的游戏。中国需要创作出更多类似的具有全球文化影响力的内容产品。

即时准确的 AI 翻译将推进文化的交流，每个消费者如果都能把翻译设备塞进耳朵里或者戴在眼镜上，实现实时翻译，就可以轻松、便宜、即时地读懂其他语言的图书，了解其他文化的内容，或者看懂他国的戏剧或电影，而无须付出任何努力或成本。如果我们能消除语言障碍，大量有创新精神的中国人就能够立即为全球观众和读者奉上精彩的内容，全球的观众和读者也可以直接回报他们。

而镜像世界中 UGC 内容的井喷也将增加来自中国的多元内容的吸引力，而做到这一点的前提是镜像世界之间没有过多交流的障碍，能够保证互联互通。

全新中美国：合作共赢的未来

英国历史学家尼尔·弗格森十几年前第一次创造了中美国（Chimerica）这个词，用于形容中美之间经贸往来之紧密，相互依赖之深厚，互补性之强，关系盘根错节，密不可分。

我努力想象一个更加乐观的未来。在这一思考框架下，我认为，未来25年，中美之间虽然会持续有竞争，但仍然会保持一些领域的合作，不会脱钩，而全球化的进程也不会被阻断或者完全逆转。在更为乐观的情况下，未来25年中美会实现全新的互补，修复相互之间缺乏的信任，呈现全新的"中美国"。

为什么中国和美国需要合作？因为中美作为全球具有重要地位的两个大国，它们合作才能推动未来全球化的正向发展。未来全人类面临的问题如此复杂，哪个国家都离不开全球商业、科技、金融的生态系统，取得进展的唯一办法就是合作。

恰如之前提到的，在高科技领域，开源是未来。虽然新技术一开始出现时是专有的，其发明者因此而具备优势，但从长远来看，对于数字领域，开源是更好的方式。用开源的思维来看创新和发展，你会发现开放和合作一定是主流。

中美最大的互补性恰恰体现在高科技领域。简言之，美国将始终是主要的突破式创新者，而中国则已经是重要的规模化应用创新者。双方可以互为补充，而且这样的互补可以持续成为新的中美国的合作基础。

这种新时代的分工有其背后的逻辑。创新需要个性化、多样化、挑战权威的思想。此外，不能否认，创新需要一定程度的混乱，不守规矩，打破常规。它也会带来社会成本，比如美国社会普遍存在的贫富差距巨大、城市缺乏安全感、枪支泛滥等问题。

相比之下，虽然我一再强调中国教育如果想要改革、拥抱创新，就需要包容失败、挑战权威，但中国的相对优势还是很明显——中国社会是一个更加安全而有秩序的社会，中国人有很强的执行力，这就让中国能够在高科技应用场景创新与规模化、个性化制造方面构建自己强大的全球竞争力，形成与美国的超强互补。

中美之间的相对优势和反差还是非常明显的。美国有一套系统，这个系统里存在高犯罪率、疯狂和混乱，但这一系统也孕育了各种颠覆式、原创式的创新。中国也有一套系统，这一系统专注于为世界制造产品，负责利用新科技开发出新产品、进行规模化生产，使产品更加实用和美好。

在这种全新的中美分工之下，美国将保持其创新性，在高科技领域不断拓展边界、不断创新，而中国则更擅长执行和制造，而且在开发应用场景方面特别有想象力，可以将成熟的产品推向全世界。

创新是有代价的，你必须接受不公平、鲁莽和潜在的危险，这些都可能导致人们的不满。美国可能会说："没关系，我们会承担这些代价。"而中国则会变得更加有序、工程化、高效，并能够利用AI创造出更宜居的地方，生产出更优秀的产品。

中国和美国之间可能存在劳动分工，美国可能会接受更多的混乱，然后会保留一点儿作为边界的"护城河"，而中国会通过开源受益，然后在开发应用中推动创新。

在这种情况下，中美两国一边是无秩序、促创新，另一边则是高秩序、重执行，但这并不妨碍中美之间大量、持续的人才交流。比如，仍会有数百万中国人前往美国从事创新工作，也会有美国人因为喜欢中国的秩序和应用场景创新而搬到中国来。两国之间的人才流动和疯狂的创意流动也形成了一种全新的"中美联姻"：你如果想做些疯狂的事情，就去美国；你如果想把产品大规模推向市场，就回到中国。这可能是解救"中美婚姻"最好的办法。在这样的"婚姻"中，双方"剪不断理还乱"的错综复杂的关系并不是重点。双方会各司其职，不幻想彼此的角色互换。双方都需要对方，也不怀疑对彼此的依赖。

要建立这种全新的"中美国"的关系，核心仍然是建立信任。这需要双方的开放与包容。美国需要对中国保持技术开放，不再"卡脖子"，同时也不再限制中美之间的人员往来。只要这段"婚姻"中的信息流动和人员流动不被限制，双方实际上就可能会建立起不错的合作关系。同样，中国也需要持续地开放和改革，鼓励信息流动，尽可能减少未来镜像世界中的交流障碍，保持互联互通。

要建成这种中美国全新的合作框架，相互了解和重塑信任特别重要。

我还要再提醒一下读者，美国当下对于中国抱有一种特别纠结的态度：一方面是缺乏安全感，担心中国崛起会威胁到美国全球主导的地位，担心中国向海外投射力量，因为美国是以己度人，认为中国强大了之后在国际上会做出和美国一样的行为；另一方面又高度依赖中国，其程度比当年对日本的依赖要高得多，不可能在短期与中国脱钩，而这一点又强化了它内心的不安全感。

美国产生这种被超越的不安全感并不是第一次。早在20世纪90年代，美国就举办了一个又一个的研讨会，探讨怎么做才能够阻止日本超越美国。美国害怕失去权力，失去作为世界主导力量的地位。

而且美国对日本的依赖并不严重，相比之下，美国现在对中国的依赖程度比任何时候都高，美国与中国的联结比任何时候都更难解开。想要真正与中国脱钩，美国必须从供应链中排除任何中国制造的东西，解开所有复杂的供应链，这非常具有挑战性。而中国是庞大的消费市场，且不断应用创新、制造水平不断升级，这样的中国在全世界也是难以被替代的。

中国必须清楚，面对中国崛起，美国自身有一种不安全感，所以中国必须传递可信信号（credible signal），传达出愿意重建信任的意向。在其他领域，中国也可以释放出更多信号来。

中国的未来：终极信息化国家

如果说"中美国"的框架是在过去中美分工基础上的延伸，那么 AI 将给这种分工带来新的变数。在我勾勒出的更加乐观的、中美不脱钩且仍然保持广泛领域的合作的未来图景中，中国也可能充分利用 AI 的能力，将自身打造为一个终极的信息化国家。

我们可以设想在未来甚至是在接下来的 25 年里，终极信息化社会的发展状况。它可能最早在中国实现，也可能先在一些科技较为发达的小国家落地。以下是它的运作方式。

镜像世界、自动驾驶汽车、智能眼镜以及 AI 辅助教育工具等，在日常使用过程中会搜集海量的数据。当一个人戴着智能眼镜在街上行走、在仓库里工作或者在家使用电子屏幕时，大量有关他自身行踪、情绪状态、关注焦点或者所做之事的数据就会被创建。积年累月下来，海量的数据形成了一幅关于个人行为的极为详尽的图景。这些信息大多被平台自身用来为用户提供个性化的便利服务。了解了足够多的信息之后，平台就能够预测客户的行为，还能记住每个用户的偏好。这些数据也是生成在镜像世界中代表个人的数字分身所必需的材料，有了这些数据，数字分身才会模仿用户的肢体语言和动作。其中一些数据，比如人们在公共场所的行为表现，能够为公共场所的政策制定提供依据，例如交通管控。如果某些路段或者某些公交线路上出现拥堵，这些信息就能被用来实时调整路线。人们也可以根据这些信息收取拥堵费用，在特定时段收取更高的费用。随着时间推移，搜集的数据种类越多，产生的效果就越强大。

像这样汇总搜集数据的方式对大多数人来说是合理的，但一个终极的信息化社会会搜集每个人的海量数据。这就是在镜像世界中你被追踪的方式。系统还会保存大量关于你行为的信息。对于这些信息，有些人愿意让企业来管理，有些人则愿意让政府管理，还有些人不愿意让任何人来管理。对于其他机构掌握大量有关我们行为的信息，人们感到不舒服的主要原因在于，目前这种机制是单向的。它们了解我，但我却不知道它们是谁，我甚至都不清楚它们知道些什么。对于它们所掌握的信息我没有任何发言权，如果信息有误我也没办法纠正，而且它们获得了这些信息带来的所有好处，我却没有。这完全是一个单向的过程。

一个终极的信息化社会要想正常运行，就必须建立在我之前一直强调的"互见性"的基础上，也就是说，必须实现双向交流。在这样的体系中，各类机构会搜集大量关于我的数据，但我能决定谁可以使用这些数据，可以使用关于我的哪些数据，以及如何使用。使用者和搜集者要对我负责。我可以纠正错误信息，而且这些信息带来的好处我也能享受到。不仅我自己要透明，那些关注我的主体也要十分透明。我也能够监督那些监督我的人。这种范围和程度的透明对于如此大规模的数据搜集能够持续进行是必不可少的。

这种体系需要对数据进行某种分布式控制，而非集中式控制。要利用如此规模的数据需要AI的助力，而要在各个方面都维持所需的透明度，或许就需要AI助理的帮忙，由它们来监控并追踪我的数据使用情况。我可能会付费购买一个AI助理，让它追踪我的数据是如何被使用的，并确保我能从数据搜集中获益。

如果一个国家能够构建起一个具备真正"互见性"特征的全面信息系统，它就会掌握有关数百万公民行为的海量精确数据，从而在设计针对大众的服务上极具影响力。它可以依据实证而非直觉来制定政策。相较于基于臆断来制定国家政策，这将会是一个巨大的进步。

什么是终极的信息化国家？可以从三个层面来理解。

第一，这是一个几乎全透明的国家，一个基于互见性的国家，同时个人可以拥有私人空间，也可以拥有完善的申诉机制。除了自己的私人空间，全社会都处在信息透明之中，通过信息搜集得到的海量数据可以帮人们创造出几乎整个社会的数字孪生，人们会让AI处理这些信息，而公共政策的制定也会迈向一种基于实证的更加有说服力的流程。

第二，这是一个将 AI 视为终极技术官僚的国家，由 AI 主导的终极技术帮助提供各种公共服务。这种 AI 驱动的终极技术官僚体制具有极低的犯罪率和极高的效率。

第三，这也是一个海量数据为创新赋能的大市场，企业可以利用各个层面的大数据推动应用层面的创新。同时，通过搜集和分析所有交易数据和元数据，这个市场可以清除任何潜在的欺诈活动。

下面我来展开分析终极的信息化国家的三个层面。

第一个层面是基于互见性积累海量的数据，从而培养 AI，在政策制定方面，推动科学决策。

在前文中我特别提到了完全透明与互见性的重要性。终极的信息化国家几乎就是完全透明的，它需要贯彻互见性，允许国家、企业和个人搜集大量的个人信息。因为在建立了一套公开公平的信息共享机制之后，这些信息可以帮助训练更加聪明的 AI，推动各行各业创新，帮助推出更多定制化的服务。

比如 TikTok 和脸书，它们拥有大量关于用户行为的信息，并尝试通过 AI 满足人们的一些需求，提供用户想要的内容。在这个全透明的世界里，国家提供的公共服务也可以是定制化的、千人千面的、满足普通人个性化需求的。

在一个更安全、更高效的世界里，所有你看到的、其他人看到的、国家看到的、各种传感器所搜集的数据，都被汇总起来并用于训练 AI，推动科学决策。这是一种取舍，普通人让渡大部分的隐私换取更高效、安全、有秩序的社会。但这种取舍并不是完全放弃隐私，每个人仍会有一定的不受打扰的私人空间。这种私人空间可能在每个人的家里，也可能是专门开辟的不受侵扰的公共空间，比如公园或者图书馆。

这里还要特别强调，全透明的社会建立在两个非常重要的制度保障之上：一是用户需要知道自己的信息到底被谁搜集；二是如果遇到了自认为不公正的处置，用户拥有比较好的申诉机制，可以维护自己的权利。

在此基础之上，在一个终极的信息化社会，为了保护个人权利和保留一定程度的隐私（在镜像世界，我们需要让渡隐私来获得透明社会的各种福利，就好像现在许多人享受免费的互联网服务时的选择一样），我们还需要从两方面保护个人的权利：一是个人拥有在私人空间中不被采集信息的自由；二是使 AI 有一定的温度，让它在公平的前提下理解每个人都可能犯小错误或违反规则。

那么，AI 系统会有多宽容？它能否有足够的灵活度来理解人类社会的复杂和人的多面性？基本上每个人每天都会犯一些小错，比如随意穿越马路或超速行驶。在现代生活中，人几乎不可能不违反一些规则，社会治理需要有一定的宽容度。

终极的 AI 系统必须是开放、公平的，能理解普通人的生活语境以及社会生活的复杂。

再进一步，终极的信息化国家会遵循科学的治理原则。

什么是科学的治理原则？简言之就是提出假设，搜集证据，证明或者证伪这个假设。全透明、拥有互见性的世界提供了一个非常好的践行科学治理原则的试验场。我所提出的"基于证据的决策"就是如此。

在一个透明的世界中，政府会搜集海量的数据，并用这些数据培养出高效的 AI，而 AI 的主要工作是为人们提供更加贴心的服务，针对经济社会的各种复杂问题，根据数据分析提出聪明的解决方案。这正是我所说的终极的信息化国家的特点，所有政策的制定都基于证据，而不是领导者的直觉判断。当 AI 被证明是可靠的、可以信赖的时，人们就会更信任并更多地选择这种决策方式。

第二个层面是将 AI 视为终极技术官僚。

恰如我在前文中提出的 AI 可能带来组织变革，AI 将会给官僚体系带来彻底的变革。如果说"基于证据的决策"将成为公共治理的原则，那就需要追问一系列问题：AI 能否替代官僚体系，或者带来官僚体系的精简？换句话说，当官僚体系面临机构臃肿问题时，AI 如果能够被广泛运用，是否能在推动机构瘦身的同时带来巨大的效率提升？

答案是肯定的。和任何组织一样，AI 赋能的官僚机构将变得更加扁平化，信息传递会更加准确及时，政策制定更多依赖数据分析而不是领导者的直觉，官僚机构的人数也会大幅降低。

还有一个问题也很值得探讨。AI 能否打击腐败？AI 会不会被腐蚀？当 AI 使基层的工作效率提高，作风更清廉时，必然会使上层的腐败情况随之减少。但如何避免使用 AI 的人利用掌控 AI 的机会腐败，仍是一个有待研究的问题。

可以肯定的是，AI 可以用于反腐败。举一个简单的例子，如果将所有的财务数据输入系统，AI 可以很轻易地发现异常情况，发现财务数据中存在的问题，比如财务造假。

现实中，利用算法来进行欺诈检测已经被广泛运用。在信用卡产业，欺诈检测至关重要，因为信用卡公司拥有海量的数据，让算法处理数据，很容易找出普通人难以觉察出来的异常案例。

反腐败本质上与欺诈检测非常相似。一个终极的信息化社会，拥有极高的透明度，AI 的能力非常强大，所以反腐败的能力也会很强大。

在未来 25 年，中国可以建成一个完全透明的系统，拥有非常透明的法律体系和上诉机制。在终极的信息化社会中，通过大量信息采集取得数据来培养 AI，借助 AI 做出政策决定，而总的来说，人们会更信任并更多地选择这种决策方式。然后人们可以利用算法进行欺诈检测和反腐败检测。这可能是AI逐渐取代官僚机构的方式。所有这些都基于一个前提，即我们遵循科学的方法，这意味着我们会搜集数据，让算法根据数据提出更聪明的解决方案。这种AI驱动的终极技术官僚体制具有极低的犯罪率和极高的效率。

第三个层面则涉及中国数字营商环境的吸引力。

一个犯罪率很低的社会对投资者，尤其是美国投资者来说极具吸引力，尤其是在当下美国城市犯罪率高、法律执行力度相对不足的情况下。AI推动的治理改革如果能够大幅减少腐败，提高公共服务的效率，那将给营商环境带来重大提升。

此外，中国还可以为企业提供极为丰富的数据，为它们提供多维度的市场分析和帮助它们形成洞察的大数据库。企业可以获得关于消费者行为和商业行为的大量数据，这将极大提升企业决策的效率。中国的数字营商环境也会因此而变得更好。

这样的数字营商环境也有助于中国吸引全球精英，这种吸引力体现在三方面：第一是安全，中国的大城市将保有很高的安全度；第二是清廉、高效的官僚机构，

AI反腐和流程改造将带来巨大的改变；第三则是海量数据开放，这将给研究者和创业者提供很大的便利。

制造4.0：从世界工厂到全球智造

AI带来的另一个巨大变革是中国可以对外出口基于AI的超级工厂，让各地的制造本地化且更好响应用户的需求。这也意味着中国制造的重大转型，中国将从世界工厂转型成为全球本地工厂的解决方案提供商。

我们可以设想一下未来制造业的模式。在未来25年，因为自动化的普及，工厂可以建在更靠近用户的地方，可以根据需要进行更新，进行小批量、定制化的生产。如果这是未来，中国就需要从世界工厂向各地工厂的解决方案提供商转型，它的目标应该是创造能够使制造业在全球范围内去中心化的技术和机器，即中国开发AI、机器、技术和系统，使世界上任何国家都能够生产最先进的产品。

工厂将会变得非常灵活和敏捷，这意味着你可以随时调整生产。在这一过程中灵活性是关键。在前文中我分析过,现有机器人最大的挑战是缺乏灵活度。现在通过编程控制一个机器人非常困难,你无法轻易改变它的任务,所以你只能用它进行长时间、大批量的生产而不改变流程。现在的工厂之所以仍然需要大量工人,是因为工人在灵活应变方面表现优异,而由机器人组成的流水线尚未达到这个程度。

但如果中国能够发明出终极的机器人模块、开放制造工艺,就可以让所有机器人拥有这种灵活性。在拥有了不可思议的AI、不可思议的机器人和不可思议的流程之后,将整个系统打包出售,这对世界来说是件大好事,对中国也是如此。

比如,如果美国想拿回制造业,中国会说:"没问题,我会给你工厂——它们是令人惊叹的即插即用的模块化单元。事实上,我会为你设置好它。价格非常合理,我离开之后,你可以自己运行它。"

能源、量子与人类行为的科学狂想

未来充满了变化，令人兴奋不已，最后我想再分享一下我对 5 个领域的预测。

气候变化与全球变暖并不是一个问题

全球变暖是一个我们知道如何解决，又有比较高的确定性的问题。

应对全球变暖最主要的抓手是大力发展清洁能源，即核能、太阳能、风能和地热，同时推动电气化的普及。让更多人开上电动车可以加速能源转型，因为如果你有一辆电动车，你马上就会意识到它比最昂贵的燃油车性能更好、更可靠，故障率也更低。

我对转换到使用可持续的能源的未来相当乐观，但我们得承认我们对气候的了解仍然不够。

气候变化与全球变暖并不是一个议题，需要区别对待。我们不应该让气温上升得这么快，因为我们不知道气温上升之后会发生什么。气候是一个非常复杂的系统，类似于我们的大脑。模拟气候变化，就像是在创造虚拟的生命、虚拟的星球。

模拟地球的气候和模拟大脑一样，都非常困难，可以说是数字孪生领域内的"圣杯"。要做到这一点，需要两方面的加持，一方面是数据，另一方面是算力。

我们仍然缺乏能真正达到全球级别的模型数据。我们需要近地太空的数据、平流层的数据、地质运动的数据、最深的海洋中洋流的数据。

此外，我们还需要一个真正的地球模型。我认为这可能涉及量子计算，因为可能需要一次性处理10亿个数据点的大规模并行模型。25年后，如果我们能有一个关于地球及其气候的科学模型，那就算幸运了。

新能源：核聚变的发展取决于投资的决心，核电的未来可能更广阔

核聚变可能是最昂贵的科学，因此核聚变发展的速度将取决于我们实际愿意花费多少钱。在25年内，我们可能会见证一些关于核聚变的早期实验。但到了2049年，我们仍然不会有可以商用的核聚变。

在核聚变真正商业化之前，核电拥有巨大的发展前景，因为我们已经知道如何使用这项技术，如何建造安全的、万无一失的小型核发电机。核电将是一种可靠、长期的能源供应方式，因为生成式 AI 的训练需要耗费大量能源，全球高科技平台型企业都在思考如何确保自己拥有稳定的电源，小型核电站就是选项之一。核聚变的另一个好处是有助于缓解中东地区的紧张局势。

相比之下，我不认为氢会成为一种真正意义上可行的新能源。石油在未来 25 年将加速从燃料转变为材料。石油不仅仅是一种能源，它还是化肥、塑料以及其他很多东西的来源。未来它将越来越多地被我们当作制造激光器、塑料和新材料的原材料。

量子计算：模拟世界的重要工具

量子计算与概率统计密切相关。部分领域中的量子技术可用于实现复杂系统的模拟。如果你试图模拟现实，量子计算机将帮上大忙。换句话说，量子计算会是实现镜像世界的支柱技术之一。

当然，量子计算还会和现有的 AI 技术融合。未来人们会尝试在量子计算机上运行大语言模型，量子大语言模型值得期待。

25年后量子计算机很可能不会被用于常规计算，而会被用于模拟复杂现象以及其他我们尚不知晓其益处的新型量子过程。

再强调一下，量子计算并不属于常规计算。

加密货币与Web3

我并不认为虚拟加密货币在25年内能取代国家货币，但它可能成为第二货币，甚至成为全球的通用货币，有点儿像英语成为很多人的第二语言/全球通用语言的方式。对大多数人来说，拥有本地货币之外的第二货币，用它来在全球各地完成支付，这会相当有趣。

在25年内，我们可能会看到一种数字货币作为全球第二货币出现，它不会替代任何货币，而会成为全球金融体系的一种补充，随着时间的推移可能会具有更强大的影响力。

镜像世界也会给虚拟加密货币带来全新的机会。

首先，镜像世界可能会发行自己的代币，人们可以在镜像世界中使用它们。随着镜像世界的扩张，这种代币也可能会发展成为一种全球货币，使得在世界各地动用资金和购买东西变得非常容易，并且这种代币非常稳定。

当然，支持镜像世界的公司如果真要变成某种程度的全球银行，就需要构建一个庞大的体系，以应对金融世界中存在的欺诈、伪造等各种犯罪行为，同时检测欺诈、管理通货膨胀。这也是为什么支持镜像世界的高科技企业可能成为全世界最大的公司。

Web3（第三代互联网）一度很火，其拥趸认为去中心化的互联网是未来。我认为 Web3 的一些重要构成部分会出现在镜像世界中。

其中最重要的应用是建立去中心化的信任机制，包括验证和防伪，类似信用卡使用的加密技术。虽然信用卡使用了加密技术，但大多数消费者都没有意识到。区块链上的增信也是如此，它将是另一种类型的加密，一种去中心化加密的方法。在镜像世界中，智能合约的应用场景也非常丰富。

相比之下，DAO（去中心化自治组织）的概念很好，整个组织都在无法更改的代码之上运行，规则也无法更改,因此被认为非常值得信赖。但它在现实生活中的应用场景仍然太少。

硬科学从 AI 中受益最多,社会科学着力于理解人的行为本身

未来 25 年内,大多数拥有大量数据的硬科学都将因为 AI 的进步而受益,因为可以用 AI 处理大量数据并尝试发现新的科学规律。硬科学涵盖材料科学、化学、生物化学、地质学等多个领域。

另一个因 AI 进步而受益的领域是农业,人们可以利用 AI 对农业进行优化。精准农业在未来 25 年将获得大发展。AI 可以通过摄像头跟踪观察每一株作物并评估其健康状况,然后确定应该给作物多少水分和肥料,从而精准管理农业投入,节约成本。这些都是现在的农民想做而做不到的。

相比之下,社会科学在未来会聚焦在人本身上。

社会科学实际上是最复杂的学科,因为人类是最复杂的动物,在生物学上很复杂,在思想上也很复杂。未来 25 年里会有大量的研究致力于理解人类并预测人类

的行为。预测人类的行为是最难的，尤其是预测群体的行为。从目前的情况来看，使用 AI 并没有使这一任务变得更容易。

终章

预测未来的思维模型

简单总结一下我预测未来 25 年的思维框架和方法论。

在预测未来时，我会有一项标准，即当下应该有一些证据表明某件事正在发生，这件事将在 25 年内变得普遍和有影响力。

我使用的第一个预测模型是观察富人现在正在做什么，他们的所作所为会被大众效仿。思考富人生活中有哪些事会因为技术的变化而被大多数人掌握，是预测未来 25 年重要的思考框架。比如，如果要预测 AI 助理变得既可靠又聪明之后会带来哪些变化，我们就可以思考现在富人的管家都会完成哪些工作。

第二个预测模型是观察边缘人群正在关注什么。许多创新会逐渐从边缘走向主流。未来会发生什么，我们可以在边缘人群中寻找思路。极客玩家现在正在玩的，可能会在未来几年变得流行。

第三个预测模型是从新创造的词中找有效信息。很多新词在被发明出来的时候，就传递出了变化的信号。很多东西我们不知道该怎么称呼，所以出现了很多新术语，它们通常是一个前沿领域的标志。加密货币、区块链的出现就引出了一系列新词，比如DAO、元宇宙、智能合约、NFT（非同质化通证）。新词的不断出现表明这一领域是一个快速扩张的领域，因为我们必须发明一大堆词汇才能理解它。

不要低估复杂性，要有耐心。

我们需要对科学的发展，尤其是与我们自身息息相关的生命科学的发展抱有敬畏之心。我们需要理解生命科学的发展要慢很多，比我们想象的复杂得多。我们也需要将有坚实基础的科学与信马由缰的科幻分清楚，只有建立在坚实基础上的科学才可能在25年内实现突破。

我们不应将清晰的宏大愿景与短期的目标混淆。人们常常能够清楚地看到自己想要或需要前往的目的地，但道路漫长且充满艰险，鲜有开拓者能顺利走完这段征程。尽管我们可能有很好的愿景，但或许仍缺乏足够的基础知识。以癌症为例，无论我们多么希望能治愈癌症，我们仍然缺少足够的临床研究数据，而且这些研究很难加速推进。在其他领域，比如 AI 领域，我们更是一无所知。我们根本不清楚智能是什么，所以 25 年后，当回首今日时，我们会觉得如今的自己一无所知。我们最好把今天当作第一天来看待。

未来整体的改变会呈现出加速的状态，但并不平均，有些领域会非常快，有些领域则异常缓慢。

变化大致可以分为 4 个层次：最快的是流行趋势，每年都变；技术次之，三五年就会有大变化；基础设施的变化要慢很多，需要十几年，它们甚至会几十年不变；最慢的是气候和地质，在这两个领域，时间尺度会一下子被拉长。所以，当我们分析变化的时候，我们首先要清楚我们在讨论哪一个层次的变化。

加速只发生在某些领域。总体来看，现实世界并没有加速变化：我们没有建出几千米高的摩天大楼，我们日常乘坐的飞机速度也不比 50 年前的快多少。这就需要我们仔细思考到底什么是加速的变化。

加速的变化分布非常不均匀。在某些领域，我们看到进展非常缓慢，许多事情只能逐步推进。这种情况将持续下去，比如生命科学领域的发展就很慢，因为对人类自身的实验要经过很长时间才能得到结果。

即使我们看到了加速出现的变化，很多时候其实是事物被接受的速度加快了，这在一定程度上是因为我们拥有全球经济、庞大的人口，以及非常先进的通信技术。这些都使得事物更容易被迅速接受，但并不一定能使创造新事物变得更容易。

在 25 年内，在数字领域，我们仍然会看到新事物被加速应用。例如，ChatGPT 创造了最快的用户增长纪录，到 2023 年 1 月末，仅上线 2 个月左右的时间，其月活用户就突破了 1 亿。相比之下，TikTok 达到 1 亿用户用了约 9 个月的时间，Instagram（照片墙）则花了 2 年半左右。未来我们将看到更多类似的例子，全球范围内的 1 亿人甚至更多人会更迅速地接受和应用新事物。

那我们又该如何应对变化呢？

我们需要努力保持开放的心态，不断根据环境的改变和技术的变化更新我们的认知，这需要我们把自己的身份与价值观捆绑，而不是与认知挂钩。

对大多数人而言，价值观的改变会很慢。相比之下，认知的改变要容易一些。因为你相信的东西很可能因为环境的变化、技术的变革，或新的科学发现的出现，而产生变化，这时你就需要因时而变。只要自己的身份与价值观捆绑，而非与认知挂钩，你就可以迅速适应变化。

未来25年许多我们习以为常的认知可能都会被颠覆。其中包括一项很重要的认知迭代，那就是我们需要重新定义财富。

传统上，我们都会把财富等同于金钱。在一个全民仍然不够富足的时代，我们通常会将人分成两类：有钱但缺乏时间的人和有时间但缺钱的人。这两类人也就是传统意义上的富人和穷人。

过去25年，美国和中国都出现了类似的情况，那就是普通人工作的时间并没有随着财富的增长而减少，反而增加了，富裕的职业经理人每周会花更多的时间工作，而科技（比如移动互联网）的兴起，更是模糊了工作与生活的边界。

未来 25 年，这种情况会发生改变，因为大量事务性的工作会由 AI 助理来帮助我们完成，这会帮我们节约大量的时间。同样，随着平均财富水平的提高，我们会意识到时间变得越来越重要，尤其是与亲人、朋友相处的时间。

未来 25 年，我们将重新定义财富，因为我们会意识到与金钱相比，时间更稀缺。财富的多寡将意味着你能在多大程度上掌控自己的时间，控制自己的行动。因为 AI 可以完成很多工作，我们将更加珍惜与人相处的时间。

未来"炫富"的一种方式是一个人不再使用任何技术产品，完全靠人为他提供服务。未来的富豪不会携带任何技术产品。他们不会拥有手机，因为他们要求为他们服务的人拥有手机。他们不会使用社交媒体，但服务他们的人会使用。他们不会与 AI 打交道，而会与人打交道，但服务他们的人将与 AI 打交道。因为人类的时间和注意力将成为稀缺资源，让他人一直给你提供他们的时间和注意力，就是在获取财富。

我当然不是鼓励每个人都要"炫富",但在 AI 变得日益聪明和强大,成为我们最重要的助手之后,如何更好地安排自己的时间,的确是值得仔细思考的问题。

有更多的时间,追求有意义的工作,这可能是未来 25 年技术变革给我们每个人带来的最大收益。

结语

未来 25 年的 10 个关键词

AI 赋能的"镜像世界"、AI 助理、终极的信息化国家是我在本书中关注的最重要的三个话题。在此基础上,我分析了 AI 将给国家治理和组织变革带来哪些巨大改变,AI 将推动教育和医疗领域中的哪些方面发生巨大的变革,我还畅想了全新的中美互补与协作的乐观未来,以及我们应该怎么做才能让这样的未来成为现实。

在本书的结尾,我想用另一种思路把我对未来 25 年的预测再梳理一遍。

未来世界的特征和规则可以用 5 个关键词来总结归纳,分别是无形、透明、互见性、模拟、脱媒。我们在 25 年后应该如何去行动,可以用另外 5 个关键词总结,分别是信任、开源、定制、丰沛、酷。

让我来解释一下这 10 个关键词。

（1）无形。从工业经济向数字经济的转变，就是从有形向无形的转变。在未来 25 年中，无形替代有形的速度会进一步加快。中国不断强调无形数字资产就是一个例证。镜像世界、XR 的世界，就是无形的世界。

无形还有一层意思是不可见，这就是技术成功的秘诀：它们因为不可见而成功。电力是工业革命之后最重要的通用目的技术，但它是无形的，人们看不见它，也没有多少人关注它。

未来 25 年，AI 也将变得更加无形，它将在后台发挥作用。我们不会意识到它的存在，也不会去思考它。它会像电力一样存在，会在我们意识不到的情况下做各种各样的事情，这会非常美妙。AI 是赋能"镜像世界"的最重要的基础设施，也将是无形的基础设施，它的发展速度越快，其他技术的发展速度也会越快。

AI 将是未来世界的幕后英雄，因为镜像世界最主要的工作都将由 AI 来完成。我们可以通过三个层层递进的要点来理解 AI。

第一，它是镜像世界背后最重要的数字 / 算法引擎，作为未来的电力,AI 的使用成本会不断下降。

第二,镜像世界是对现实世界的模拟,AI 会支撑起数字孪生的构建,而在数字孪生的基础上,我们可以做许多的研究。

第三,AI 是"人 + 机器"协作中最为重要的工具。

类似地,与 AI 相关的一系列应用也会因为无形而成功,比如智能合约,它可能会让去中心化的合作变得更顺畅,而人们甚至不会意识到智能合约的存在。

(2)透明。无形带来的是数字化,是虚拟世界的崛起。未来的世界还是透明的,在数字化的世界里事情只要发生了,就会被感知、被记录,就会留下"数字痕迹",这有助于我们构建数字孪生,培养和训练 AI。随着数据捕捉的普及,物理世界也将被时刻记录、被数字化。记录者将不仅仅是政府、大企业,还包括每一台智能机器、每一个人、我们使用和穿戴的每一个智能设备。

举一个例子,当每个学生都有一个 AI 助教之后,它总会以高度透明的方式记录学生的各种学习行为。通过对学生的观察,它能清晰地理解学生对不同的知识的掌握情况。因为 AI 助教与学生之间互动频繁，在对话过程中，它可以真正做到教学相长，既可以回答学生的困惑，也能更好地了解学生的理解能力，给学生做出更加公正、客观、全面的评估。

在未来，我们每个人都拥有一副可以随时随地使用的智能眼镜，它可以提供 AR/VR/XR 体验，它会捕捉每个人所处的环境，也会记录每个人的语言和表情。为了处理如此海量的信息，我们需要庞大的算力，为每一副眼镜配置强大的 AI 引擎。当然这个引擎也会化身为每个人都不可或缺的 AI 助理，在我们的耳边细语、提出建议，在我们的视线中给出提示，帮助我们打理工作和生活中各种常规和琐碎的事务。

（3）互见性。透明意味着几乎所有发生的事情都会被记录下来。哈佛教授肖莎娜·祖博夫在《监视资本主义时代》(The Age of Surveillance Capitalism) 一书中特别批评了平台搜集用户信息卖给广告商的眼球经济和注意力经济。但在本书中，我创造了"互见性"这个新词来特别强调无所不在的信息搜集、数字记录，将是未来的常态，是这个社会前进所必须做出的选择。所以我们要改变思维,不再去争辩是否要记录,而要去讨论由谁来记录,记录者和被记录者各自应该拥有什么样的权利与义务,海量信息的使用应该遵守什么样的规则,如何让这一过程变得公开透明。

为什么要如此?因为AI的训练需要海量的数据,无论是政府还是公司都会日益依赖大数据分析所带来的洞察。定制化和个性化的服务需要AI对我们每个人的行为有尽可能多的了解,这样才能判断我们的喜好,更加准确地向我们推荐内容,提供服务。这种定制化的服务涵盖学习、医疗和健康、职场规划、娱乐,当然也包含更加贴心的电子商务,这将对经济的运行产生深远的影响。

海量的数据也是镜像世界的必需。要构建镜像世界,一方面需要建构真实世界的数字孪生,另一方面也需要搭建逼真的虚拟空间,还需要想办法让我们能够更好地在虚拟与现实结合的世界中生活。每个人都需要为建构镜像世界贡献数据。

为什么未来的世界会是透明且互见的?在这样的世界中怎么保护隐私?要么选择接受透明,享受定制化的服务，要么选择保护隐私，放弃享受各种贴心的服务，这需要取舍。你不可能在拒绝透明、拒绝贡献个人数据的前提下，享受定制化的服务。

为了解决这一组矛盾，互见性这一概念就显得特别重要。

首先，用户需要有明确的知情权——我的哪些信息被谁搜集了？不可能只有用户是透明的，政府和大企业也需要是透明的。其次，用户可以获取被搜集的信息，这样在出现问题的时候，他们就能很清楚地知道有哪些对他们不利的证据。虽然去中心化不容易，但如果没有互见性，社会就会很容易滑向电视剧《黑镜》中所展现的"反乌托邦"。

（4）模拟。AI驱动的创新世界、镜像世界，都是被高度模拟的世界，具有能够模拟真实世界的物理引擎。化学和生物的实验可能被模拟，药物的临床试验可能被模拟，每个人和每台机器都会有它的数字分身，这也是一种模拟。

模拟一开始是真实世界的补充，是真实实验的补充，但未来虚拟世界会日益替代真实世界。模拟也会从简单走向复杂。举个例子，现在人类已经能够绘制出拥有 14 万个神经元的果蝇的大脑地图，接下来，人类可能会绘制出小白鼠的大脑地图，最终拥有 860 亿个神经元的人脑地图也将被绘制出来。更进一步来说，人类甚至能对整个地球的气候系统进行模拟。

（5）脱媒。脱媒就是脱离媒介。什么是媒介？媒介是一种代理（proxy），一种传递信息的信号（signaling），是对真实世界的总结和归纳。人类智慧的大发展依赖的是语言和文字，它们是承载人类思考的媒介，让人类可以相互连接、沟通、协作，也让知识可以在代际之间传承下来。人类发展的历史可以说是媒介大发展的历史。印刷术和后续技术的发明推动了媒介大发展，从大规模印刷的图书、报纸到广播、电影、电视，再到互联网。

媒体/媒介的价值是对信息的压缩和提炼，让"带宽"有限的大脑可以更好地处理信息。为什么未来的世界是脱媒的？因为 AI 不再会有带宽或者数据处理能力的限制。镜像世界一个最重要的好处是所有发生的事都是数字化的，是可以被分享和被分析的，对 AI 而言是透明的、易处理的。而 AI 相对于人最为强大的能力恰恰是处理海量数据的能力。因为有了 AI，我们可以不再依赖媒介，而可以直接实现数据的互联互通。

因为机器可以处理的数据量是人难以望其项背的，所以，方便"带宽"有限的人类处理信息的一系列压缩手段，从汇报、摘要、总结到日常生活中的简历等，都可能会变得不再重要。机器可以通过处理原始数据来形成洞察。

脱媒意味着我们不再需要总结和归纳，而可以更好地直接采用第一手的资料。在教育场景中，我们不再会借助孩子写的课外活动总结和作文来评价孩子，因为他日常的学习活动和各种其他活动都被记录了下来，他的潜力和特质可以得到充分的展现。或许我们还需要推荐信，但可能有其他形式的推荐，比如孩子参加各种活动后不同人对他的评价，而不再需要某个特定的人专门去撰写推荐信。

我们可以把脱媒理解为一种沟通的变化。一方面，AI 助理将在我们的工作和生活中扮演越来越重要的角色，它们会替我们完成沟通，而它们之间的沟通并不需要借助语言或者其他压缩的媒介。另一方面，除了语言，人类也可能用其他更加有效的方式沟通，比如脑机接口的进阶发展成果——心灵感应，我想到了什么，你立马就能感知到。这个"你"既可以是人，也可以是机器。

当然，脱媒还有一层更加现实的意义，即人人都是创作者，人们不再需要像现在这样借助媒体来传播信息。不少企业和个人都在经营自媒体，从 SpaceX 的发射直播到高科技公司的新产品秀，再到 CEO/ 大咖的分享，以及各种播客的内容输出，都已经成为人们重要的信息来源。

后 5 个关键词总结的是我们在未来社会应该如何行动，它们分别是信任、开源、定制、丰沛和酷。

（6）信任。数字时代的基础是信任，我们需要重构许多方面的信任，包括国与国之间的信任、民众与政府之间的信任、消费者与大公司之间的信任等等。同时我们也需要创建其他的方式来验证事物的真伪，在镜像世界，眼见不再为实。

你怎么能相信眼前出现的事情是真实发生的，而不是机器生成的、虚构的、高度仿真的？这需要我们重构信任的机制。同样，在一个地缘政治动荡的时代，重塑国家尤其是大国之间的信任，也至关重要。脱媒意味着信任建立的机制会发生巨大的变革。之前的信任建立在对媒介的信任上，因为每个人并不能了解各处正在发生的所有事情。现在，信任则要建立在一系列全新的验证机制上。

未来社会是建立在信任之上的。如果缺乏信任，技术就很可能被滥用。要建立起信任机制，我们需要整合数字世界的游戏规则，需要一系列全新的数字治理体系和规则。

信任关系到如何形成这样一个数字智能世界的外部思维框架和协作方式，它不仅仅是让我们的机器所产出的内容和做出的行动具备可信度的基础，也是国家与国家、企业与企业之间合作最根本的条件。

（7）开源。开源意味着开放与合作。未来人类面临的问题将越来越复杂，取得进展的唯一办法就是开放与合作。开源从狭义上讲是一种软件开发的术语，但从广义上讲，它其实是人类科学进步最重要的规则。每一项发明和创造都是公开的、透明的，每一项新的创新都建立在前人取得的进步的基础之上。解决复杂问题，寻找新的突破，已经不再是单个人可以完成的事情，需要更多人一起协作。开源是未来，开源的产品比任何生产它的公司都更能持久。

与开源相对的是封闭。闭门造车有很大的局限性。从技术发展路径来看，开源意味着充分使用这个世界上最优秀、最先进的发展成果。开源还预示着一点，那就是在工程技术领域，不同的国家或企业之间可能会有差距，但科学发展最终一定会全球同频。

（8）定制。定制是镜像世界最重要的商业规则。过去 25 年，我们经历了一个从搜索到推荐的过程。随着 AI 的持续进步，个性化、定制化服务将成为常态，比如定制化学习、定制化医疗。现在简单的产品与服务推荐将进化为更为贴心的个性化服务。

未来 25 年，随着 AI 助理的普及，我们的工作和生活中的一些小的决策将直接交给 AI 来完成，比如日程安排、差旅预订、日用品采购等等。在这一过程中，注意力经济中的市场营销手段——比如谷歌在你的搜索栏旁边放置与你的搜索内容相关的广告——会演变为匹配度越来越高的各种建议，从消费延伸到工作和生活的方方面面，最终演化为乔布斯所说的"人们不知道自己想要什么，直到你把它摆在他们面前"，即把超乎消费者想象和认知的全新体验推荐给他们。

（9）丰沛。如果说定制是未来数字智能世界的商业规则，从稀缺到丰沛就是镜像世界的经济发展基础。

我们需要拓展对丰沛的理解，它不仅仅是用金钱多少来衡量的经济层面的繁荣，还是用个体所能享受的服务与体验的丰富程度来衡量的生活层面的繁荣。

AI 的进步会带来生产力的巨大提升，推动经济繁荣，其结果是告别稀缺、拥抱丰沛。生产力的大发展也可能让许多政府想推进的全民基本收入（UBI）成为可能，让所有人告别贫穷。

但镜像世界的丰沛是建立在服务与体验种类丰富、价格便宜的基础之上的。我一直有一个预测未来的方法，即观察现在富豪的生活，以此为依据畅想未来。现在只有富豪才能支付得起的服务和体验，在未来会因为技术的进步而变得日益便宜，最终被所有人享用。

比尔·盖茨曾是全球首富，他拥有一个 200 人的团队专门为他和他的家人服务，其中有私人采购师，也有专门的公关团队。随着 AI 助理的普及，由懂你的 AI 帮你挑选合适的衣服、为你打理你的朋友圈，都将变得司空见惯，便宜且高效。借助 AI，普通人也有可能像世界首富一样拥有各种私人助理。这就是数字智能时代丰沛的一个例子。

AI 时代初期，我们对 AI 助理的畅想是有了它就像有了只有世界 500 强企业 CEO 才能拥有的私人助理。未来 25 年，AI 助理涵盖的领域将非常广泛，包括教育、医疗、职场等，每个人都能够享受定制化的服务，可以随时进行个性化咨询，也可以随时调阅全球知识库，这种无形世界的丰沛会带来惊人的影响。

丰沛的世界还将拥有无穷无尽的内容。类似优兔的平台会创造出海量高质量的 UGC 内容，而且许多内容会是第一人称视角的独特体验，用户可以通过智能眼镜获得身临其境的体验。恰如开头描述的那样，因为内容的丰富，AI 助理可以随时随地营造出最适合用户心境的背景音乐，给人以无微不至的关怀。

这种丰沛将惠及全球所有人。不用等上 25 年，我们很快就将拥有高质量的实时翻译,这将有助于不同文化之间的相互理解,有助于我们彼此之间加强沟通,建立互信。韩国流行文化破圈,从电影《寄生虫》到电视剧《鱿鱼游戏》都在美国掀起了热潮。而之前日本文化的传播,从漫画到游戏,也彰显了其软实力。在语言的障碍被破除之后,优质资源的竞争将不再局限于本地市场,优质的本地内容也会在全球范围内获得受众。

(10)酷。全球丰沛的内容背后隐藏着最后一个关键词——酷。

酷,将是未来人类区别于机器最重要的元素,也是不同文化相互碰撞时最吸引人的特质,同时还代表了未来年轻人共通的价值认同。2024年风靡全球的游戏《黑神话:悟空》之所以爆火,就是因为它将中国传统文化变得更酷了。

酷的一个潜在影响就是可以让人们逐渐积累对不同文化的信任。酷的文化更容易传播,也更有吸引力。高科技公司呈现出来的产品显然是酷的。在这里,我要提醒一下,所谓的酷并不只是让年轻人觉得酷炫,虽然年轻人可能是最具有全球化意识的,但酷的内涵更广,包括让人觉得有趣、能打动人、能够让人产生强烈的情感连接。

虽然在本书中我尝试去畅想未来 25 年的发展状况，但关键的发展阶段其实就是未来 10 年。AI 到底能带来哪些根本性的变革，还是说 AI 只是被吹大了的泡沫，答案很快就会见分晓；中美之间的竞争合作到底会是一个什么样的基调，就大国博弈而言，10 年已是足够长的时间；而组织变革在未来 10 年也可能呈现出百花齐放的状态。

最后，我还是需要强调，没有人有水晶球，我并不是在尝试准确预测未来。我们要承认我们自己的无知，也要承认未来最大的不变就是变化本身，所以我的畅想只是某种场景思考，希望这样的场景思考会激发你的想象力。

后记

2049 酷中国

在我与吴晨讨论了许多关于未来的可能性之后，他提炼出了一份很棒的清单，包含了我们所讨论的 10 个他认为最具乐观色彩的概念，并在结语部分进行了阐述和拓展。我完全赞同他的总结和表述，但对于他提到的最后一个概念"酷"，我想再多花些笔墨。

"酷"这个词起源于俚语，很难被准确地翻译出来。我告诉吴晨，我创作本书的期望是让中国变得更"酷"。这到底意味着什么呢？

酷的事物具有吸引力，你会想要模仿它，想要参与其中。酷不完全等同于美丽、富有甚至有权威，而是一种吸引人的氛围，它甚至能激发人们展现出自己最好的一面。它代表着以一种令人向往的方式进行与众不同的思考，采取与众不同的行动。我相信未来可以很酷，而我在本书中尝试的就是去描绘一个很酷的未来。

我试图想象一个未来很酷的中国。在这个"酷中国"中，城市会极具未来感，以至于全世界的城市规划者都会前往中国参观学习。25 年后，一个很酷的中国将向世界输出最棒的游戏、AR、音乐和艺术，供全世界模仿。它将制造出一款人人都想买的价格低廉的自动驾驶电动车，那将是世界上最好的汽车，设计专业的学生都会为之倾倒。实时语言翻译耳机和智能眼镜将使外国人可以说出流利的中文，世界各地的专业人士都想来中国在其科技领域工作。中国将简化外来移民程序，国内城市将竞相吸引全球顶尖人才。这些城市干净、整洁且极其安全，众多初创企业将致力于研发令人兴奋的创新产品。中国的超音速喷气式飞机将在数小时内飞越大洋。中国的烹饪机器人和家用机器人也将是世界一流的。中国的科幻电影将位居各大榜单之首。中国如此之酷，甚至会面临间谍问题，因为每个国家都想窃取其知识产权。

如今，如果你问在中国以外的人，提到中国，他们联想到的第一个词是什么，他们的回答绝不会是"酷"。

酷中国无疑是一种愿景,而非我的预测。酷中国并非必然,但却是可能的。未来也是如此。25年后一个很酷的未来也并非必然,但却是可能的。

我相信人类将拥有充足的技术手段和财富,以管理我们的气候、环境,承担社会责任,从而创造出一个很酷的未来。遵循过去300年的进步趋势,我们有能力创造一个理想的未来。不确定的是我们是否会选择这样做。我们已经拥有了技术、能源和资源,能够以一种让地球上每个人都能为社会做出积极贡献的方式,为他们提供食物、衣物、住房和教育。从现在起的25年后,利用AI、太阳能、区块链、遗传学等新技术,我们将完全有能力为所有公民提供一种生活,让他们有机会为社会创造更大的价值,并追求个人的幸福,如果我们选择这样做的话。这个"如果"意义重大。

任何酷、美好和有用的事物都需要有人先去想象它。《星际迷航》的创作者创造了一种能装进口袋的无线通信器。这让科学家心中有了一个小目标。他们能看到这个设备并想象它在自己手中。它似乎是可以被制造出来的。这一电影道具引导着人们把幻想变为现实。现在地球上几乎每个人口袋里都有一个《星际迷航》中的通信器，而且比《星际迷航》中的还要好。这个让所有人都获益的设备最初只是一部虚构作品中的道具。

我们不可能不经意或偶然地创造一个酷的未来。现实太复杂了。我们必须先想象我们渴望的未来，并相信我们能够实现它，这样才能让它成为现实。先想象一个未来并相信它可以被创造出来，这就是本书的主题。这是一种推测性的尝试，旨在创造一个充满我们今天正在制造的各种新奇的发明，同时我们又想要生活在其中的世界。这是一个关于我们可以真正走的道路的合理故事。但我们必须既相信我们能够创造它，又选择去创造它。

我相信25年后酷中国是可能出现的。这个愿景中的许多部分可能令人难以置信，但想象它本身就是弄清楚细节并尝试实现这个想法的一种努力，就像试穿一件新外套一样。随着你对这个愿景越来越熟悉，它会变得越来越令人舒适，也似乎越来越有可能实现。当它真正实现的时候，它会让人觉得显而易见。

本书中的想法旨在给在这个时代生活的人们带来希望。一个因海平面上升而面临被淹没的风险、因干旱而土地干涸、陷入第三次世界大战或被社交媒体腐蚀灵魂的世界，并非我们唯一的未来。我们的未来还有其他可能。这里只是概述了一些可能很酷的未来场景。促使其他人创造他们认为酷的未来也是本书的目的。

想象某个事物如何崩溃总是比想象它如何更好地运作更容易。实际上，破坏比建造容易得多。创造酷的未来将比任由黯淡的未来到来要困难得多。因为崩溃很容易想象，我们往往认为它是不可避免的。但在每一代人中，都有一些人选择更艰难的道路，他们看到了自己想要的未来，相信它是可能实现的，并努力为之奋斗。他们就是构建我们今天的世界的人。我们今天的世界——世界上的城市、机器、农田和技术 —— 都是由过去那些乐观的人创造的，他们首先梦想着自己想要的世界，然后果断地去创造它。我想成为那些人中的一员，我希望你也一样。

拥抱 AI、机器人、AR、基因工程和太阳能的酷中国和酷世界就是我对 2049 年的预测。

凯文·凯利
2024 年 12 月